地震资料构造解释方法及实践

唐大海　杜　强　杨　迅　编著

中国石化出版社
·北京·

内 容 提 要

本书以我国主要含油气盆地的油气勘探实例、地震资料构造解释方案及实践为基础，系统阐述了地震资料构造解释的原理、操作模式及解释技术、方法和特点；以利用地震资料构造解释成果部署勘探井为目的，阐述了地震资料构造解释的技术方法、步骤及操作手法，并采用了一些解释实例加深认识。希望地震解释的初学者通过对本书的学习能认识相关的地质及解释模型、实例，尽快了解或掌握相关的地震资料解释知识及经验；本书中的实例也能使不同阶段的解释人员积累相关解释认识及经验，并在相关的地震资料解释工作中正确地实施地震资料解释，得到可靠的地震资料解释成果及用其进行勘探井的布设，以期获得油气勘探突破。

本书可供各大石油公司从事地震勘探、油气开发、软件研究的人员借鉴与参考，也可为高等院校石油地质、地球物理、石油工程及水文工程等相关专业的师生参考使用。

图书在版编目(CIP)数据

地震资料构造解释方法及实践 / 唐大海，杜强，杨迅编著．—北京：中国石化出版社，2024.4
ISBN 978-7-5114-7489-6

Ⅰ.①地… Ⅱ.①唐… ② 杜… ③杨… Ⅲ.①地震资料解释-构造分析 Ⅳ.①P315.73

中国国家版本馆 CIP 数据核字(2024)第 076111 号

中国石化出版社出版发行

地址：北京市东城区安定门外大街 58 号
邮编：100011 电话：(010)57512500
发行部电话：(010)57512575
http://www.sinopec-press.com
E-mail:press@sinopec.com
北京艾普海德印刷有限公司印刷
全国各地新华书店经销

*

710 毫米×1000 毫米 16 开本 9.75 印张 182 千字
2024 年 4 月第 1 版 2024 年 4 月第 1 次印刷
定价：68.00 元

编 委 会

主　编　唐大海

副主编　杜　强　杨　迅

编　委　胡伟光　胡　欣　刘　柏　马华灵
　　　　孙志昀　田云英　王旭丽　王宇峰
　　　　杨　华　尹　宏　尹瀚翔　杨　涛
　　　　张晓丹

PREFACE 前言

在油气勘探中，地球物理勘探可以称为“眼睛”，为油气勘探提供了目标和位置。我国的油气地震勘探已经有百年的历史，且取得了相当多的勘探成果。如在四川盆地的礁滩相储层的勘探中，地震勘探技术给油气勘探提供了礁滩相储层的深度及平面数据，为后续钻探提供目标参数，以便钻遇优质储层段。在对河道及火成岩储层、岩溶体、断缝体及断融体等地质异常目标体的勘探中，也离不开地震勘探技术。特别是在对非常规油气（或称页岩气）勘探中，地震勘探技术可以提供研究区内优质页岩储层的三维参数，使所设计的水平井轨迹能准确地穿行于优质页岩储层段内。所以，地球物理勘探技术的发展，对于油气勘探来说，无异于插上了腾飞的翅膀，也是油气勘探的有力保证。

现阶段，我国的油气勘探技术突飞猛进，在陆地上及海洋里都发现了不少大型油气田。这些油气勘探成果的取得，与地质认识的创新、突破及地球物理技术的飞速发展、技术手段的提高是密不可分的。如在塔里木盆地，地震勘探技术提供了奥陶系的油“亮点”位置（或称“羊肉串”反射），钻井至该“亮点”位置，一般能获得高产油气流；在四川盆地长兴组的礁滩相储层勘探中，地震资料所显示礁体顶部的“亮点”强反射，也为钻探提供了优质储层的位置；在川中沙溪庙组的河道储层勘探中，河道砂体储层的强“亮点”反射特征，也是地震资料为油气勘探指明了目标。总的来说，这些目标体的识别和获得，基本上是通过对地震资料解释后获得的。地震资料解释，通常就是对地震资料采集、处理后的成果，进行关于地质目标体识别的解释及评价。一般情况下，地震资料构造解释主要通过层位及断层解释（线或面）的方式，让相关勘探者理解及熟悉目标体的位置、形态等参数，并指导后续的地质目标体储层预测及评价工作，为钻探提供目标参数。近年来，我国一些油气开发区基本上实现了全三维地震资料覆盖。同时得益于大数据、云技术及解释新技术、新方法，充分挖掘地震资料中所有信息，丰富了对地下储层的预测及评价，得到了新的勘探目标，实现了一些油田本身“挖潜”，也使油气立体勘探得以实现。

此外，在实际地震资料构造解释中，对于某个勘探区的地震资料解释，应该是一个迭代及循环的过程。在这个过程中，更新的地震资料数据和钻井数据，以及更深刻的地质认识等，都会对以前的地震资料解释成果进行更新，对目标体的识别更准确，层位、断层解释更合理，以便更好地服务于后续的油气勘探。所以，地震资料解释是一个地质认识及解释经验不断更新的过程，一些原地震资料解释成果随着认识的深化而得到更精确的解释。如在一些老勘探区（四川盆地某些海相油气田），多年没有突破，但改变地质认识后，不再坚持钻探构造高点，而钻探岩性圈闭，最后也取得油气勘探的成功，获得了油气突破；如在川东南焦石坝海相页岩气勘探中，由于该地区在传统的长兴组礁滩相储层勘探中，一直没有获得突破，相关勘探者把目光转向更深层的五峰—龙马溪组海相页岩气勘探并取得重大突破，从而发现了焦石坝海相大型油气田。所以，对于油气勘探，把握勘探区内的所有储层位置，确定其位置信息及形成立体勘探，对于油气勘探是有利的，也是必要的。总的来说，不是针对某一层位钻探一口井，失败了就放弃这个勘探区，而是要把握勘探区内的所有储层。而落实勘探区的所有储层位置信息，就必须依赖于地震资料解释成果。

对于地震资料解释来说，设定相关的解释层位及解释范围，地震资料解释员就可以进行地震资料解释。在地震资料解释过程中，解释员要牢记所要解释的层位反射特征（或波组组合特征等）、断层性质及形态、两者的空间闭合情况等，这样才能做好相关的地震解释工作。当然，在地震资料解释工作中，必须建立相关的解释模式与工作方法（如先大网格解释后小网格，加密解释模式，先解释连井剖面等），以及复杂的断层组合及识别、解释地质异常目标体方式方法等。

随着地震资料数据的大量增加或者不同类型的地震数据增加，未来的地震资料解释工作量也会大量增加。这样就可以使用人工智能（或结合人工监控）参与地震资料解释。如在多波多分量的勘探中，对于同一个勘探区，有纵横波资料需要进行解释，这样不但会增加解释工作量，还会出现两种解释成果对比分析的问题等。

由于地震资料构造解释具有很强的实践性和应用性，而一些书本上的理论及地震剖面的解释方法过于单薄，使相关人员的解释思维锻炼不足。为此，本书对我国相关盆地与油气勘探相关的一些较难的地震资料进行分析、研究后，再进行精细解释，以期建立相关的地震资料解释模式及解释方法，从而使地震资料解释人员更好地熟悉相关勘探区的解释方法和解释模式，更好地识别出地质目标体

(以其地震响应模式判断)，减少多解性并提高地震资料解释的准确率，更好地为油气勘探服务。另外，地震资料解释成果，除与地震资料的品质有直接关系外，还与地震资料解释人员的经验、技巧和专业水平有关，因此，有必要培养一批专业技术高超的技术人员，来提高地震资料解释的精准度。而本书则可以提供这样的材料或资料，以便相关的地震资料解释员能快速成长及积累相关的地震资料解释经验，让他们从难的方面学习后，对于简单的地震资料(构造简单及地震资料信噪比较高等)解释就能得心应手。

鉴于中国石化、中国石油、中国海油、中国地质调查局等石油勘探及调查单位在各大盆地油气勘探的经验，本书主要收集国内相关单位在一些勘探研究区油气勘探中的地震解释资料及提出的新的解释观点，并对相关各个勘探区域内典型的不同地震剖面解释成果进行相关的编制、汇总。近年来，我国相关的油气勘探部门在各大盆地陆相及海相的岩性油气藏、非常规油气勘探中(在老油区或新勘探区等)，都取得了极大的成功，也发现了一大批高产的工业油气田。本书对以往油气勘探中的地震解释过程及特点、不同时期的解释结果的观点及认识等进行总结、归纳及分析，希望能起到抛砖引玉之功，更好地为我国及全世界的油气勘探服务。希望广大读者通过这本书基本上能了解地震资料解释的一些特点及相对简单的操作方法、解释技巧，也希望相关技术人员通过本书更早地融入油田的勘探实践中，少走弯路，积累相关的地震资料解释经验；另外，本书也在勘探井的布设方面进行了探讨。

本书中所涉及的基本概念和术语、地震剖面及地质剖面等图片主要引用已经出版及公开发行的文章及著作、博士及硕士毕业论文，介绍的地震方法是当前通用的技术方法，所选择的相关勘探区的地震剖面，均具有一定的典型的解释模式及地质体的相对明显的地震响应特征。

本书分为四部分，第一部分相对简单地介绍了地震资料解释技术，有助于读者简略了解地震资料解释技术及工作方法、步骤等。第二部分至第三部分重点阐述地震资料中的层位、断层等解释的实例、解释过程等，对地震资料精细解释方法进行展示及分析、探讨。第四部分是结束语，对现阶段的地震资料解释技术方法及勘探技术进行了总结。

本书在编写过程中，得到了中国石油、中国石化、中国海油、中国地质调查局等国内相关单位，西南石油大学、成都理工大学、中国石油大学(华东)、中国地质大学(武汉)、中国地质大学(北京)、长春大学等相关高等教育机构及国内相关科研单位、公司等的大力支持、协助，上述相关单位的科研人员所开展的扎实工作为本书的成稿打下良好基础，并贡献了自己的智慧力量。本书是参与四川盆地常规及非常规勘探乃至全国相关盆地油气勘探的广大科技人员的劳动成果的结晶，在本书出版之际，笔者表示衷心的感谢，也感谢为本书编撰辛勤付出的绘图人员及编辑人员。

现阶段，对相关的地震资料解释技术进行总结和探讨，难免以偏概全，同时作者水平及涉及的资料有限，文中的观点或认识难免有不妥甚至错误之处，恳请读者不吝赐教。

CONTENTS 目录

1　地震资料解释技术

大量的勘探实践经验证实，地震资料解释是运用波动理论和相关的地质模型、波组特征等，并综合已有的钻井资料及测井资料对所获得的勘探区的地震数据进行关于构造解释、岩性及烃类检测等，从而得到相关的成果图件，并可以对相关的油气勘探区进行含油气评价，提出勘探井或开发井布设的建议。

目前，油气勘探方面对地震资料构造解释方面的要求越来越高，而在实际操作中发现，不同解释工作者的构造解释成果往往受到解释工作者的经验、认识水平等制约，对同样的地震剖面有不同的层位、断层的解释及结果。特别是在构造复杂地区，构造解释成果因不同解释人员的判断而差异较大。在一些断层及层位的解释模型及认识上，可谓千差万别（四川盆地的镇巴山前带勘探区及川中某些高陡地区等的构造解释）；另外，在一些构造简单的勘探区，可能大部分的地震资料解释工作者都能得到大致相同的解释成果，但也有部分地震资料解释工作者因为认识不足及不够细心、对相关的复杂解释模式人为简化等，导致其对断层及层位解释失败——得到错误的解释结论。

现阶段，通俗地说，地震资料构造解释主要是凭借解释工作者经验及认识、判断力及观察力等在地震剖面上进行断层及层位的描画，从而得到相关的层位及断层数据。众所周知，地震剖面作为时间域，是地下各种目标体的反射振幅的集合体，包含了各种各样的波场信息及地层界面的反射信息等，特别是在复杂的构造区域，其地震波场更为复杂，难以对其进行解释。总的来说，只有了解了这些地震波场信息并建立正确的解释模型，才能更好地进行地震资料解释。在地震资料构造解释过程中，层位及断层的解释是第一位的；其次可以对目的层的异常体的边界进行解释（如河道及火山、生物礁等），或追踪异常体的顶或底界面等，确定地质异常体的位置。另外，在实施地震资料解释过程中，要了解断层在地震剖面上的分布特点及模式，以及断层的平面组合及其构造机理。一般情况下，断面上（地震剖面中）的断点相连基本上是一近圆弧状、呈上陡下缓状的模式，当然，也有直立状断层或倒转型断层。因此，在实际的地震资料解释中，解释工作者要针对目的层的反射特征，注意其波组的组合特征及目的层波组的连续性问题，并以井上标定的层位为中心，向四周进行关于层位的追踪性解释并对断层形态进行判断、描画。另外，在勘探区内的实际地震资料解释过程中，要先建立过井的骨干剖面，再设定解释网格，进行断层及层位的解释并注意其闭合情况，对相关的地震资料解释成果进行质量监控等。

此外，在地震资料精细解释过程中，要掌握相关研究资料(地质及地震资料等)，特别是针对目的层的异常体解释。在解释过程中，一定要以胆大、小心及认真的态度进行。如在四川盆地的某些勘探区的早期油气勘探中，由于解释工作者对礁滩异常体的位置解释不到位或认为没有异常体存在(或认为波组是干扰波等)，究其原因主要是对地震资料不熟悉，造成当时的勘探者放弃这些区块。而后来的勘探者不放过地震剖面上任何的蛛丝马迹，确定出细微(或较难识别)的异常体位置，再加上利用后续的三维地震勘探资料落实礁滩体的准确位置，精准布设勘探井，从而一举获得成功。这些例子证明，地震资料解释工作要精细，要大胆解释、小心求证，突破自我。通过对目的层或异常体的准确解释，才能更好地了解地下地质情况并能获得油气的重大发现。

1.1 地震构造解释基本步骤

传统的地震资料构造解释相关的主要步骤，可以分为地震合成记录标定、地震数据体浏览及波组对比追踪、断层解释及时间域(或深度域)目的层的等值线图编制、储层厚度成果等，另外，还可以包括构造演化及成因分析、构造与油气成藏等关系的研究，从而为后续的钻井布设或研究区总体的油气勘探潜力评估打下基础。在本章节中，现将地震资料解释相关的主要步骤相对简述如下。

1.1.1 地震合成记录标定

通常主要利用地震数据及井上的地质数据、测井数据等建立一个桥梁，这个桥梁对地震数据体上的反射波组进行地质意义上的描述及评估，这就是地震合成记录标定的意义。通过对相关过井的地震剖面上(井段及其附近)的反射波组进行标定，从而确定相关将要实施地震资料解释的层位；并且确定其反射特征，以便于后续的追踪及解释。一般情况下，对地震时间剖面上波组进行标定常用的方法主要有以下几种：①地震合成记录与过井地震剖面特征对比；②VSP 合成地震道与过井地震剖面特征对比；③地表地质露头与地震剖面上的反射波组对比；④勘探区与成熟勘探区的地震波组对比(俗称引层位)；⑤利用勘探家的经验及认识等实施波组对比。一般情况下，通过相关的合成记录标定处理后，可以赋予地震剖面中的相关地震反射波组的地质意义，并且对其进行空间上的解释，确定与油气勘探有关的层位。

1.1.2 地震资料构造解释

1.1.2.1 层位解释

在对地震数据体中的相关地震波组进行标定及确定相关的地震解释目的层后，再建立相关的地震解释测网，从而实施解释测网内的地震层位及断层的解释工作。在实际操作中，具体步骤包括：①所建立的地震解释测网可以先大后小(先大网格再小网格，如先解释 40×40 网格，后加密解释到 10×10 网格)，这样对精细地震解释是有利的。②对于层位解释工作来说，可以在确定目的层的地震反射波组特征的基础上，对其过井的联络测线及解释测网等进行同相轴的追踪对比。③再次在加密测网(小网格)上进行层位的解释及闭合工作。这个工作方法也适合于断层解释，在实际地震资料解释中应该灵活运用之，从而达到地质上的要求。

1.1.2.2 断层解释

地震构造解释工作中，断层解释是相当重要的，往往影响到层位解释的正确性及构造描述。一般情况下，断层解释的重点是在地震剖面上识别断裂，并且在三维空间上对其进行闭合；断层解释工作一般本着“先大后小、先主后次、先简单后复杂”的原则进行断层解释及闭合，断层的组合要根据力学原理、明确其成因及类型，符合区域应力场特征及其切割关系等。在实际的地震资料解释中，对断层的识别及解释可以依据以下几个要素。

(1) 在偏移地震剖面上，可以通过断面波、断层两侧反射波同相轴错断、相位转换、两侧同相轴产状变化、同相轴的弯曲形变、同相轴消失或呈杂乱状等判断断层的位置[图 1-1(a)~(e)]。

(2) 在水平叠加剖面上，可以借助断层边缘所产生的绕射波，对断层进行间接的识别(不能精确解释断点位置)。

(3) 计算与断层识别相关的地震属性数据体(相干及最大似然属性等)，并沿断层提取其地震属性平面图或剖面图，在其上进行相关的断层识别及解释。

(4) 对所解释的断层设定可信、较可信及可疑等相关评价等级，这样可以让其他解释工作者了解断层解释结果的可靠度及做出勘探判断。

另外，在地震资料解释工作中，还需要注意河道、礁滩相、断缝体及溶洞、岩盐、泥岩体、火山岩体及水道等特殊地质体的解释[图 1-2(a)~(z)、图 1-3(a)~(x)]，并明确其相关的反射特征及解释技术，因为这些地质异常体一般与油气勘探有较大的关系。因此，对于这些特殊地震地质体，在油气勘探中，要非常重视，判断目的层段内是否有这些特殊的地质体。

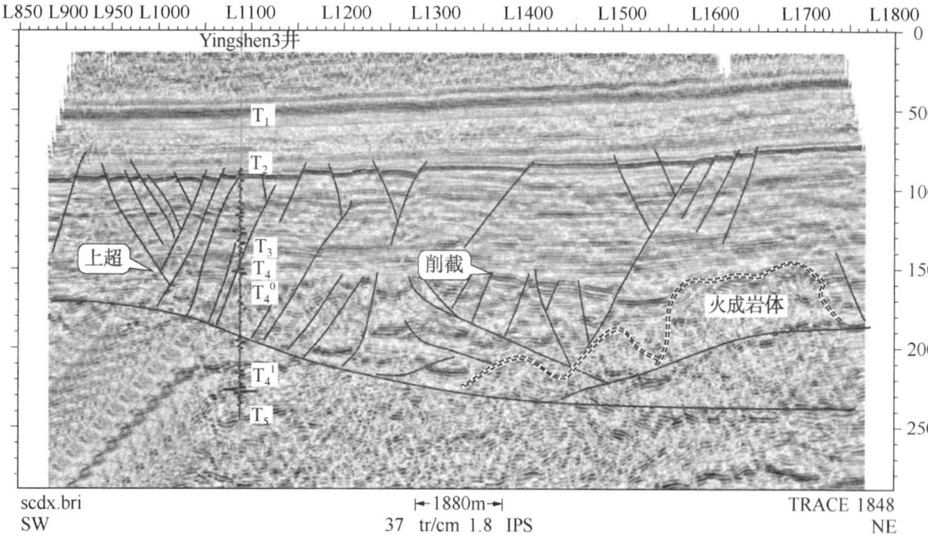

图 1-1(a)　松辽盆地莺山断陷之杏山地区本次地震解释中断层体系及大型犁式低角度断裂、火成岩体等的解释模式示意图(据祝斯森修改，2014 年)

注：大型犁式低角度断裂上盘的地震及地质现象丰富，发育花状构造及火山岩体等，地层中的不整合接触(预示有沉积间断)相对频繁。从该地震剖面的钻井(Yingshen3 井)来看，钻井已经钻探到火山岩体内部(T_5 层)，图中的灰黑色实线为解释的断层位置，灰色双虚线为解释的岩浆岩体区域；从地震剖面的整体上来看，表现为沉积岩层覆盖在古代的火山岩体上，另外，一些"Y"字形组合的断层对波组的错断相对明显及容易识别。

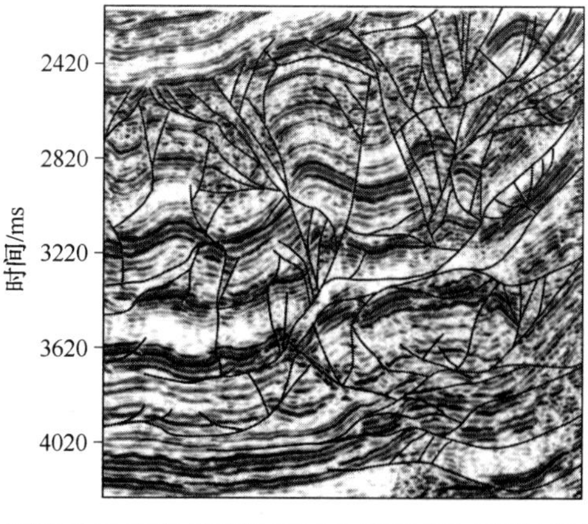

图 1-1(b)　四川盆地川东北某勘探区山前带本次断裂(黑色线条位置)体系解释示意图(据潘宏勋等修改，2013 年)

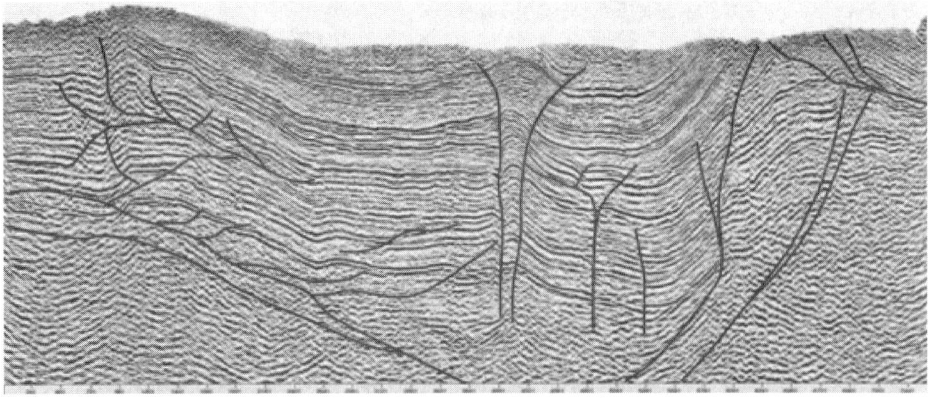

图 1-1(c) 四川盆地布拖-昭觉勘探区某条地震剖面本次断层体系解释模式（图中黑色实线位置）示意图（据吴爱国等，2020 年，略有改动）

注：可见具有“三层楼”构造模式，地震剖面中部的岩浆岩发育，并影响到其上部地层的直立状断层及背斜的形成。另外，该区的油气勘探可以针对火山岩及非常规油气展开，可能会获得油气突破。

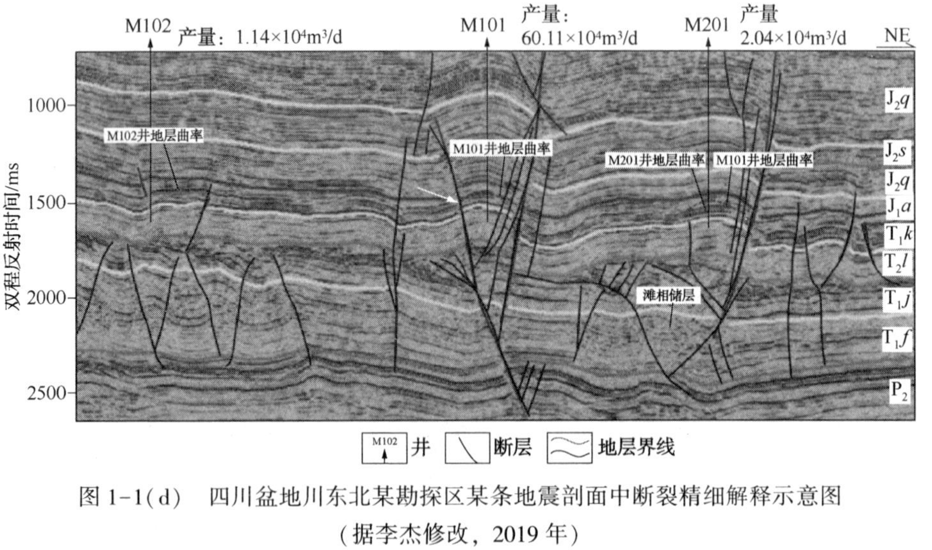

图 1-1(d) 四川盆地川东北某勘探区某条地震剖面中断裂精细解释示意图（据李杰修改，2019 年）

注：从该地震剖面上，可以看到陆相及海相地层中的两套断层体系，中间为膏盐岩体所割裂，但局部上两套断层体系也有接触，为海相油气向上部陆相地层中的储层进行运移提供了运移通道，其中陆相地层中的断层解释将其进行相对简单化处理。

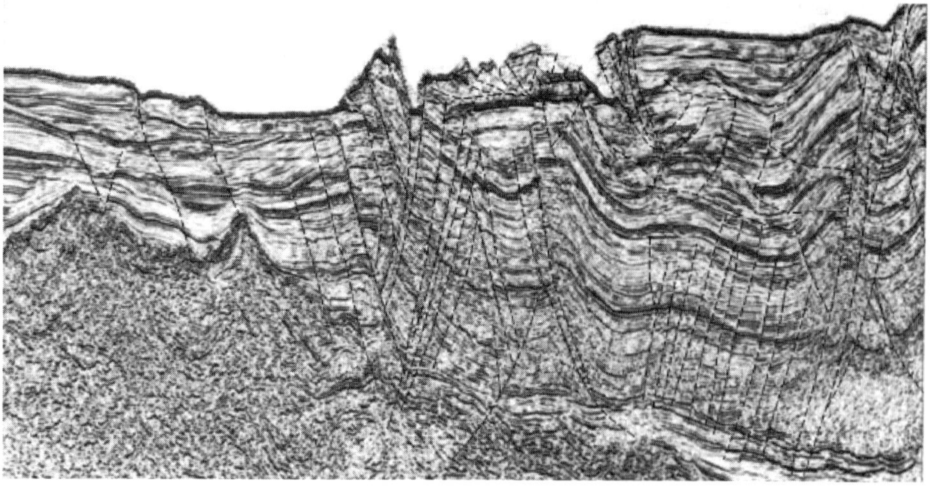

图 1-1(e)　珠江盆地某勘探区 L973 测线上地震剖面本次断层(黑色虚线位置)解释成果示意图(据王红丽修改，2018 年)

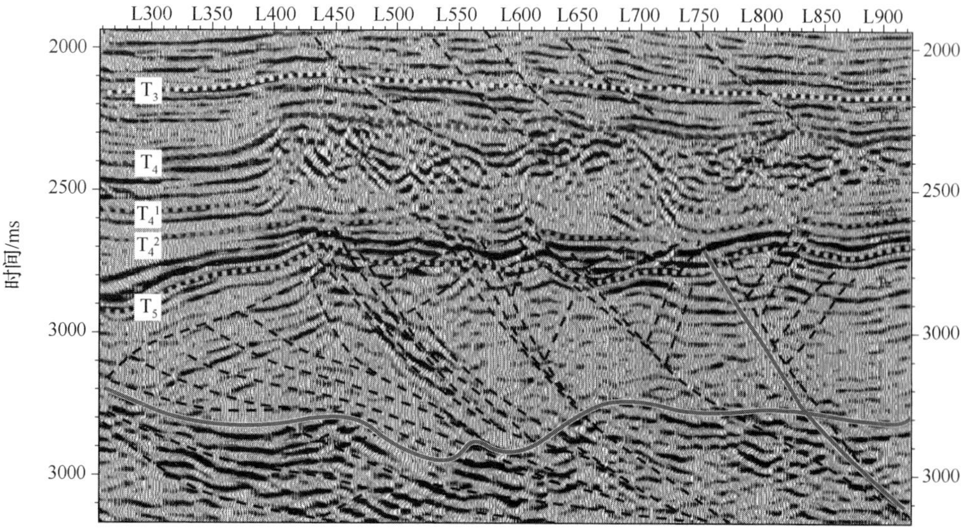

图 1-2(a)　松辽盆地某勘探区 B 测线精细断层解释与火山岩体解释模式示意图(据时应敏修改，2011 年)

注：在该地震剖面中，可见 $T_4{}^2$ 层位与 T_4 层位之间发育着火山岩体，火山岩体反射呈杂乱状及具有强振幅反射特征，与其周围正常地层沉积的产状及形态等差异较大，黑色虚线为本次断层精细解释成果，灰黑色实线为原断层解释成果，两者解释成果差别较大。

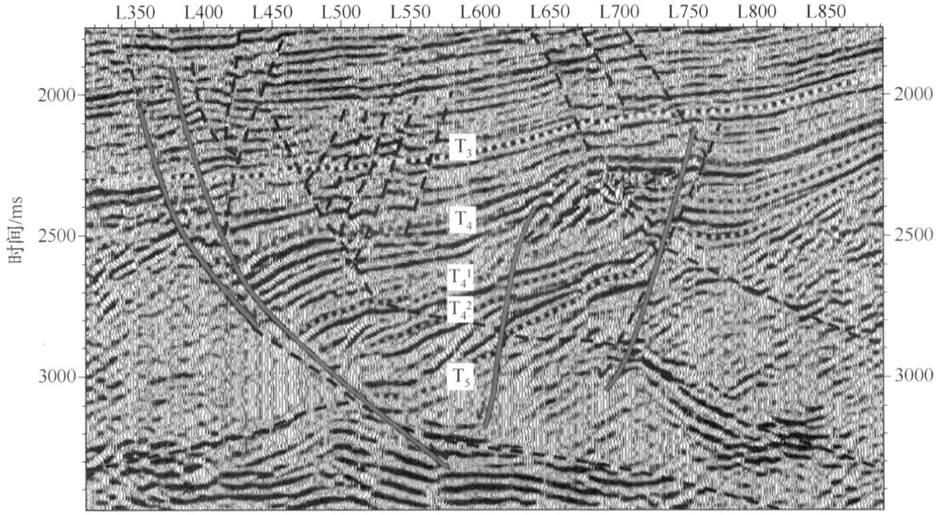

图 1-2(b) 松辽盆地某勘探区 A 测线精细断层解释与火山岩体解释模式示意图

（据时应敏修改，2011 年）

注：灰色实线为原断层解释，本次断层精细解释为黑色虚线位置，注意火山口的地震反射特征，整体上呈眼球状、蘑菇状，火山顶部引起上部地层发生披覆状，火山内部地震反射与正常沉积地层的反射具有差异性，内部呈披覆状的反射特点。

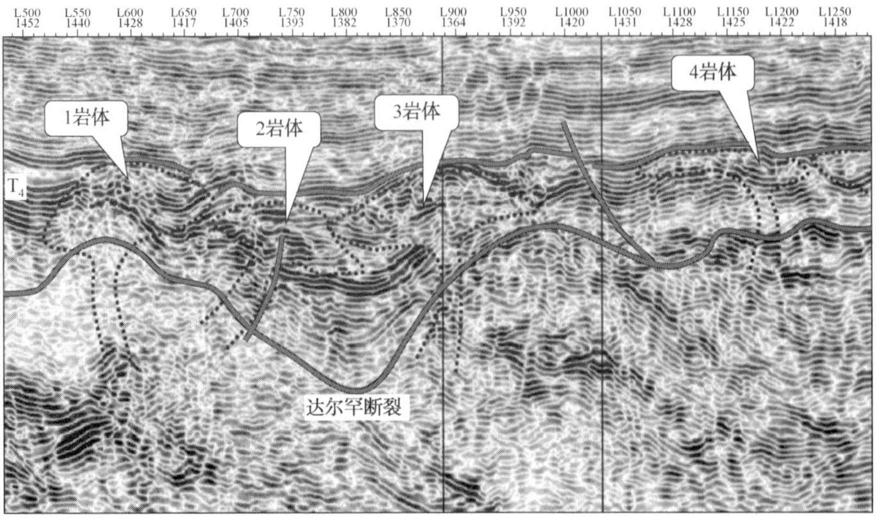

图 1-2(c) 松辽盆地某勘探区断层上盘中的火山岩体(内部反射呈杂乱状)解释模式示意图

（据时应敏修改，2011 年）

注：黑色点线所圈定的区域为火山岩体区域，火山岩体呈蘑菇状，火山岩体之间还见正常地层沉积，火山体的顶部区域，一些反射“亮点”推测为高含油气的区域，亮点的形态与新疆的岩溶“串珠”强反射具有一定的相似之处。

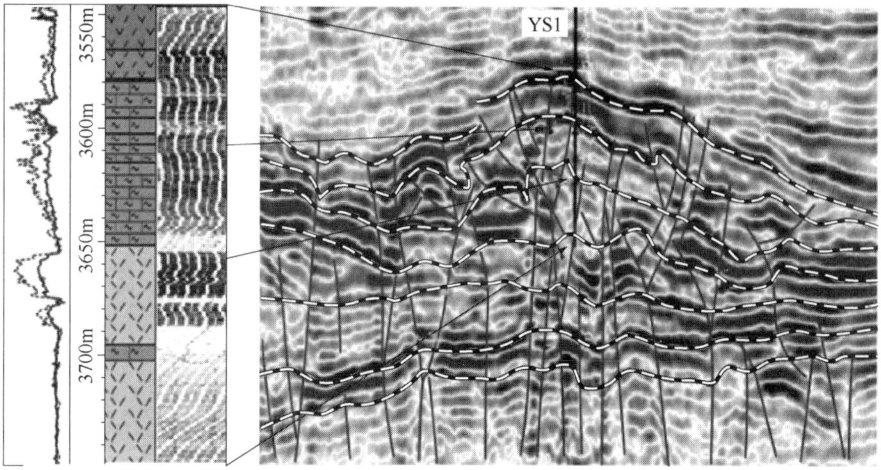

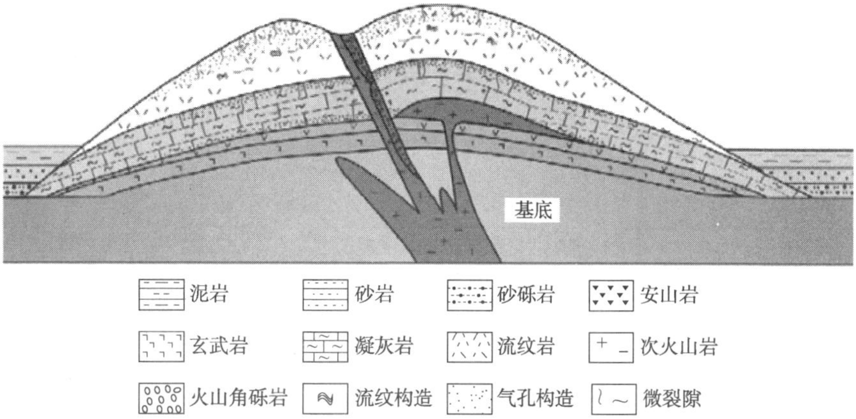

图 1-2(d)　松辽盆地某勘探区某火山岩体中断层(上)及不同岩性层地质解释模式(下)示意图(据时应敏修改，2011 年)

注：灰黑色实线位置为解释的断层位置，可见其火山岩体在断层的作用下相对破碎，不同颜色的虚线为解释的不同喷发期次的火山岩相界面，YS1 井钻探至火山口内，并向下深入一段区域，另外，破碎的火山岩体成为“新生古储”的储层，钻井至火成岩体上可以获得高产油气流。

1.1.3　构造成图

该步骤主要是利用所得到的层位数据及断层数据，进行关于目的层的时间域或深度域的构造成图工作。在实际操作中，成图所使用的时深关系对成图的精度影响是相对较大的，因此，必须使用相对精确的时深关系或者使用叠前深度偏移的解释成果，才能得到相对精确的构造图。

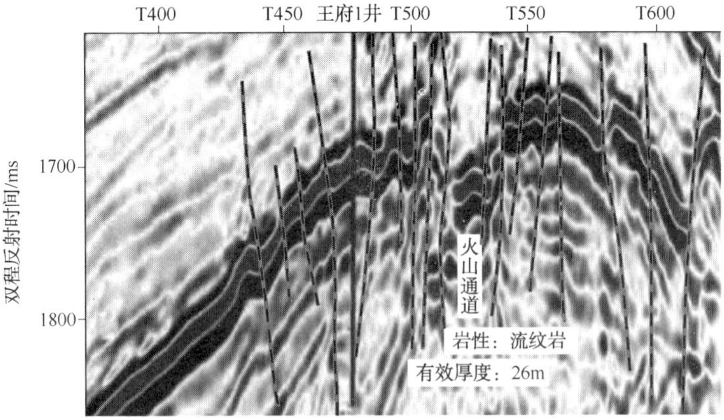

图 1-2(e)　松辽盆地小城子气田过王府 1 井剖面中本次所解释断层(灰色虚线)及火山口(下凹状)解释模式示意图(据潘红卫等修改，2012 年)

注：王府 1 井钻至火山口的边缘部位——所解释的火山口左侧，火山口附近的断层发育，对火成岩体储层的裂缝发育起到积极的作用，可见火山岩体与上部沉积地层的反射界面呈高低起伏状应该为断层所作用而引起这样的地貌及构造形态，王府 1 井主要钻至火山口边上的一个微幅局部高区域。

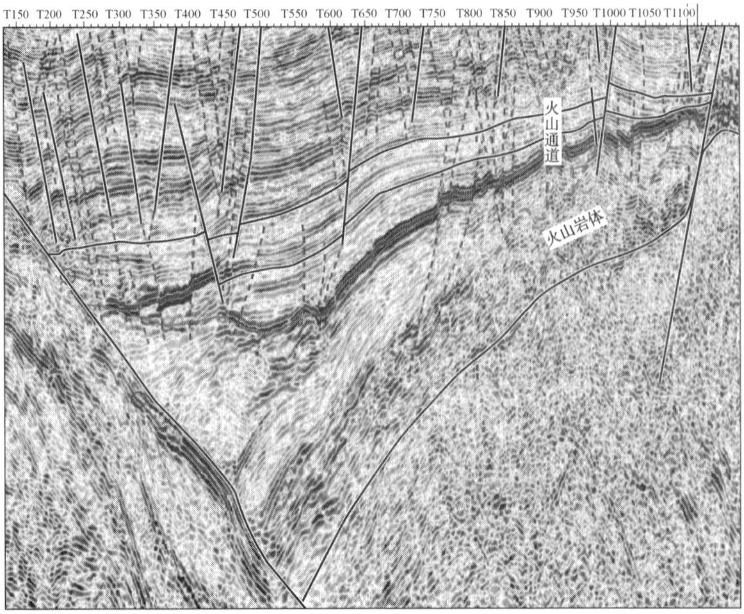

图 1-2(f)　松辽盆地小城子气田某地震剖面本次断层(灰色虚线)及火山通道解释模式示意图(据代登亮修改，2016 年)

注：原断层解释为灰黑色实线，灰色细虚线为本次增加的断层解释成果，灰色双虚线所圈定的区域为解释的火山岩体区域，可见图中一个强反射界面(两黑夹一灰)被断层及火山岩体改造。一些区域出现局部相对破碎，而没有被破坏的区域则反射层保留得相对完整，本次增加的断层解释成果可以作为对原断层系统的补充及精细解释，另外，注意火山口附近上部的断层相对密集发育及火山岩体相对破碎。

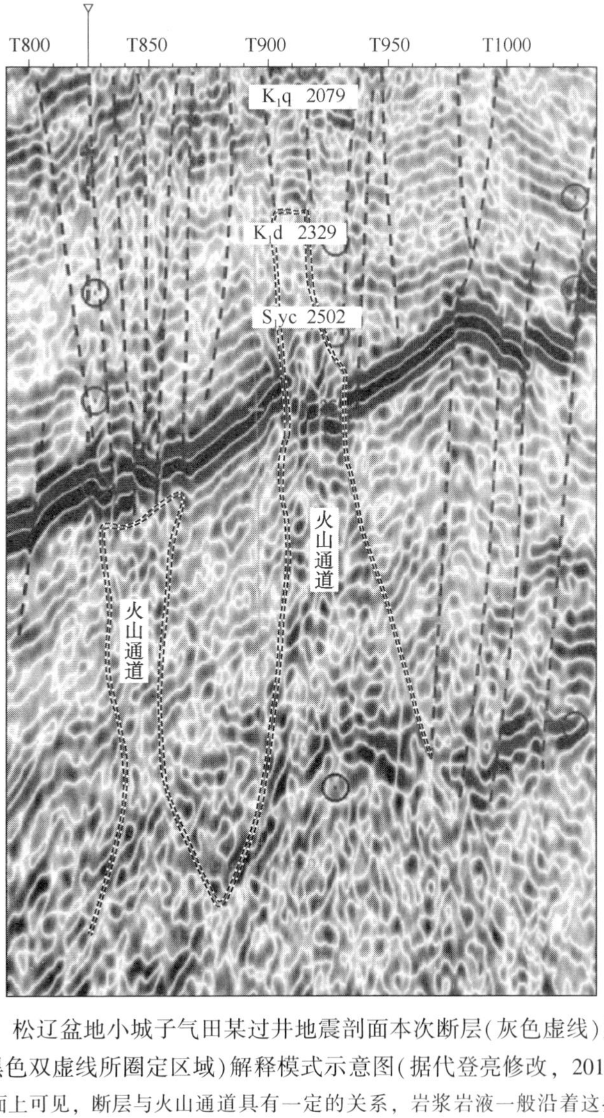

图 1-2(g)　松辽盆地小城子气田某过井地震剖面本次断层(灰色虚线)及火山通道(灰黑色双虚线所圈定区域)解释模式示意图(据代登亮修改，2016 年)

注：从该地震剖面上可见，断层与火山通道具有一定的关系，岩浆岩液一般沿着这些通道向上侵入，可见图中有一口钻井布设在火山口的边缘上，没有钻至火山口上，注意火山口附近的上部地层中的断层相对密集发育。

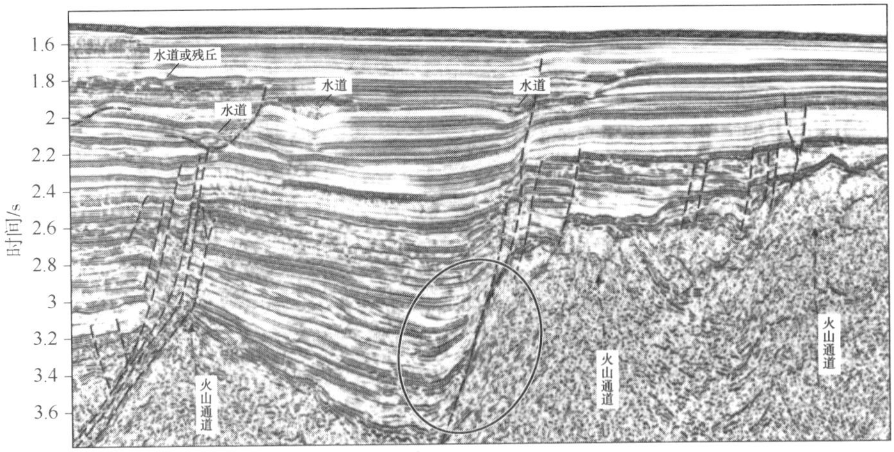

图 1-2(h) 珠江盆地某勘探区 I 测线上地震剖面各种地质现象解释成果示意图（据王红丽修改，2018 年）

注：剖面的黑色细虚线为本次断层解释，水道的地震反射特征相对明显。

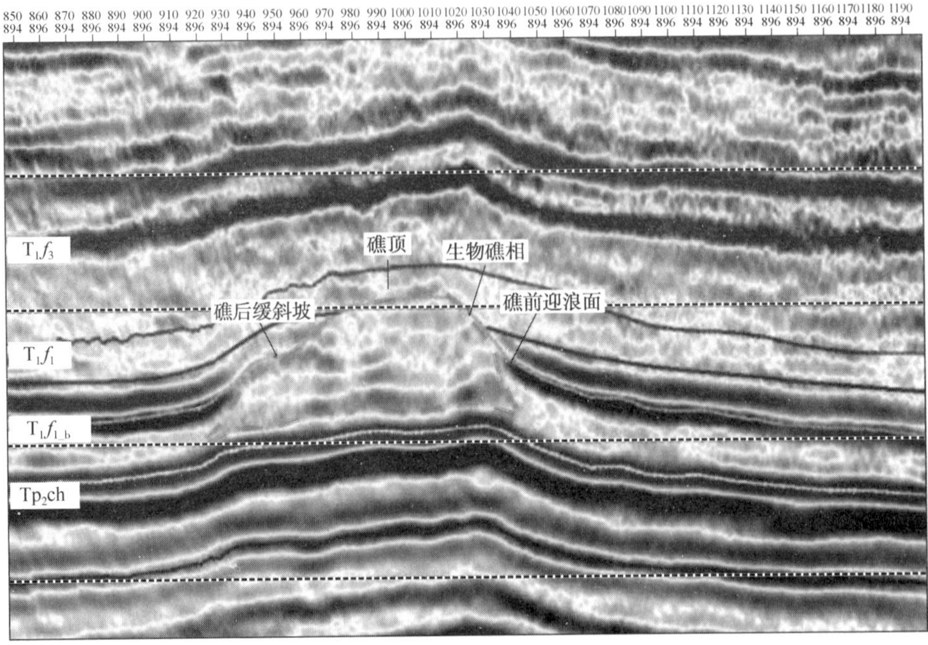

图 1-2(i) 四川盆地川东北某勘探区某条地震剖面生物礁(双虚线圈定区域)及其地震地质特征示意图(据龚思宇修改，2019 年)

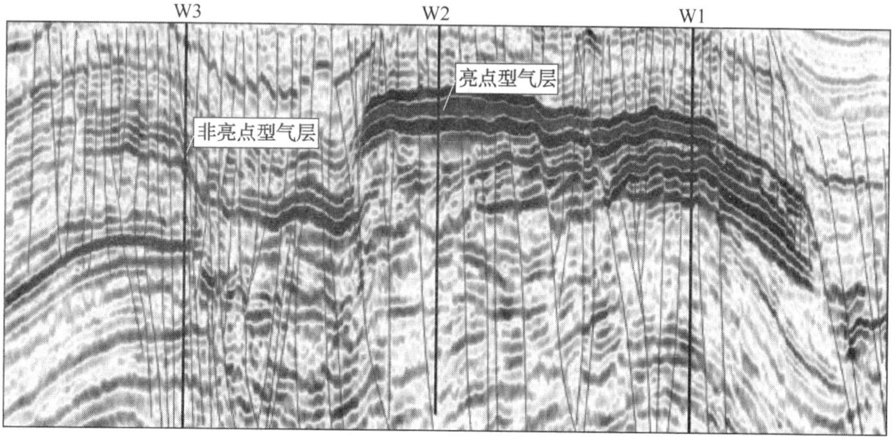

图 1-2(j)　珠江盆地某勘探区 A 测线地震剖面本次断层解释成果示意图
（据姚淑凡修改，2020 年）

注：储层段中的走滑断层相对发育，且具有通源性质，预测储层段中的裂缝也具有沟通储层的作用，断层密集状发育，对微裂缝的形成具有重要的作用，亮点型气层预示着砂体储层呈较大面积分布，并且在背斜顶部，从而成为好的油气勘探目标。

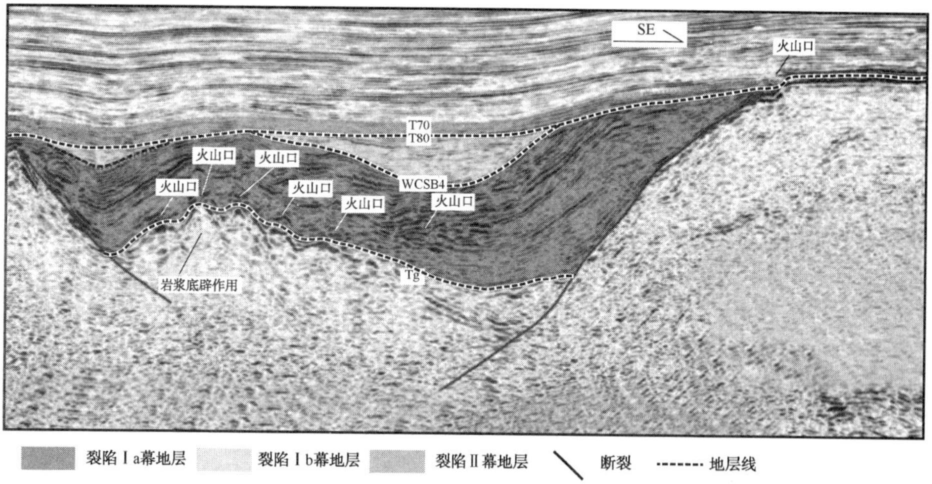

图 1-2(k)　珠江盆地某勘探区 C 测线地震剖面火成岩体及其喷发物质
（暗灰色区域）解释成果示意图（据邓棚修改，2018 年）

注：地震剖面上黑色粗实线为原断层解释，也可以认为这个洼陷是一个大型古火山口形成，具有多期喷发的特征，并形成“洼中隆”的构造特征。

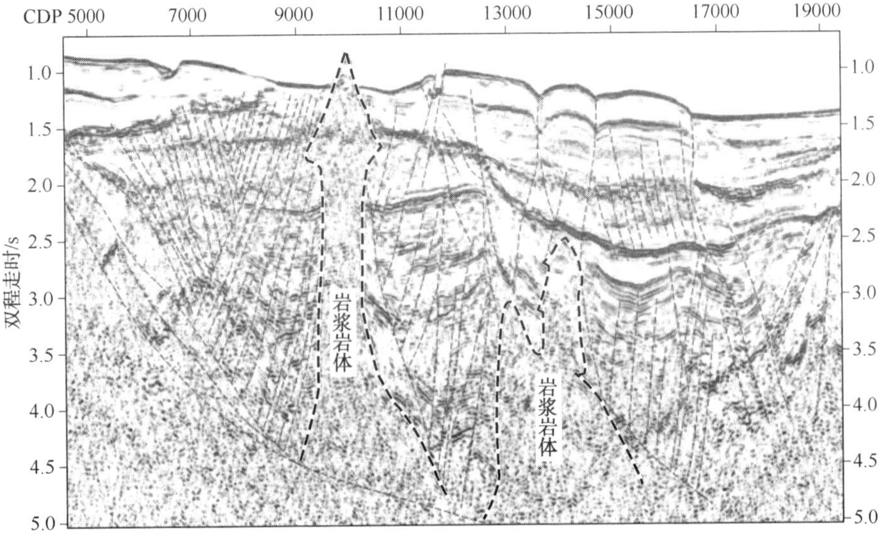

图 1-2(l)　珠江盆地某勘探区 XS248 测线地震剖面本次复杂断层体系(灰色细虚线)解释及岩浆岩解释(粗虚线位置)成果示意图(据王红丽修改，2018 年)

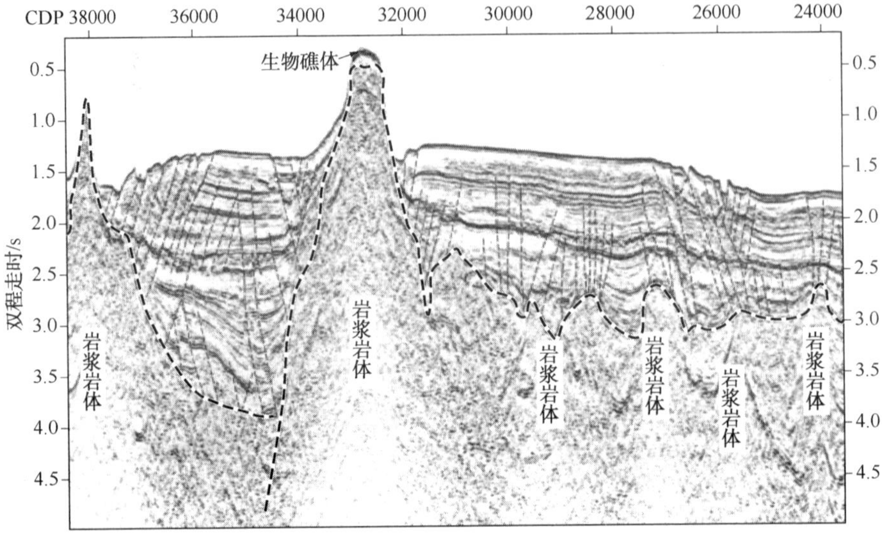

图 1-2(m)　珠江盆地某勘探区 XS136 测线地震剖面本次复杂断层体系(灰色细虚线)解释及岩浆岩解释(粗虚线)成果示意图(据王红丽修改，2018 年)

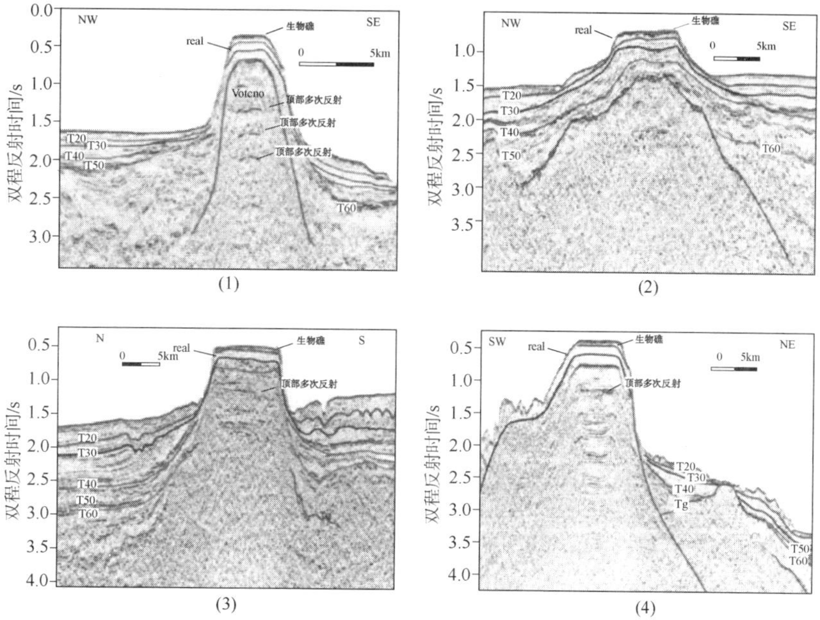

图 1-2(n)　珠江盆地某勘探区相关地震剖面岩浆岩体(隆起状)及其上部发育的生物礁解释成果示意图(据王红丽修改，2018 年)

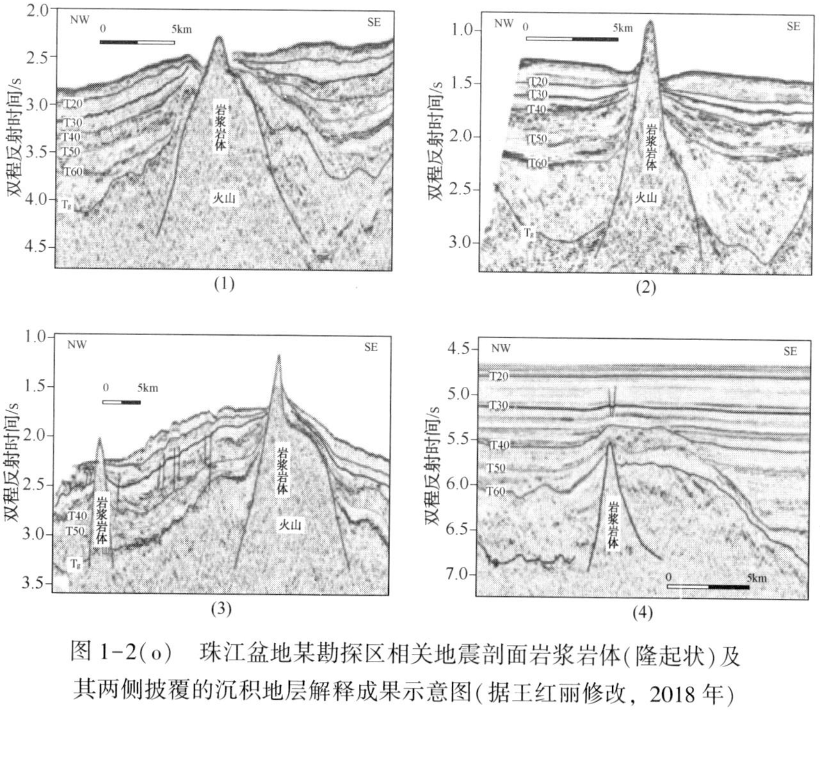

图 1-2(o)　珠江盆地某勘探区相关地震剖面岩浆岩体(隆起状)及其两侧披覆的沉积地层解释成果示意图(据王红丽修改，2018 年)

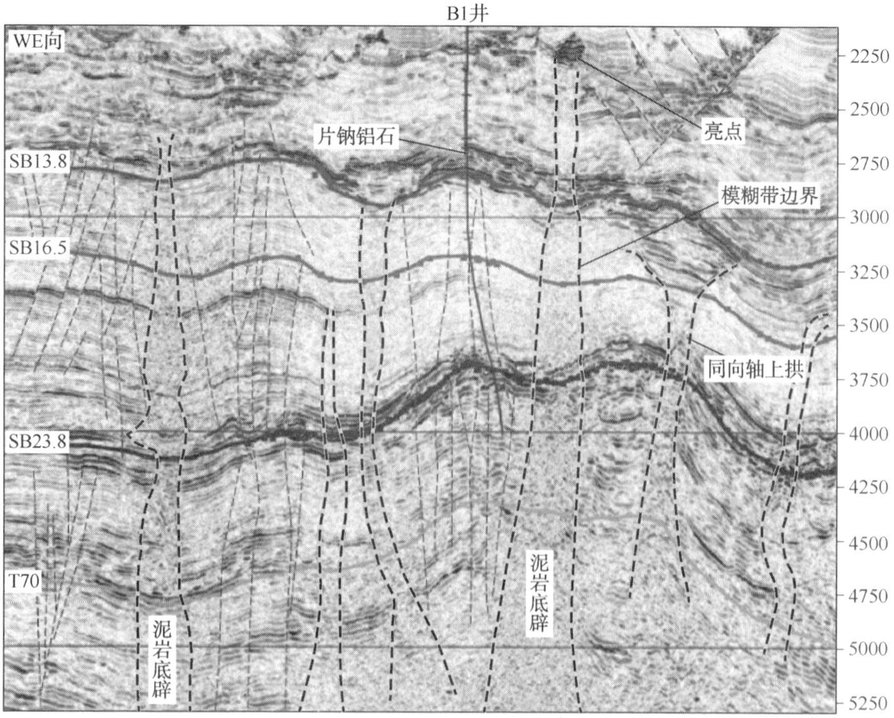

图 1-2(p) 珠江盆地某勘探区 J 测线上地震剖面泥岩底辟现象（粗黑虚线圈定区域）解释成果示意图（据雷川修改，2019 年）

注：剖面图上的灰色细虚线为本次断层解释，灰黑色粗虚线所圈定位置为泥岩底辟构造区域。

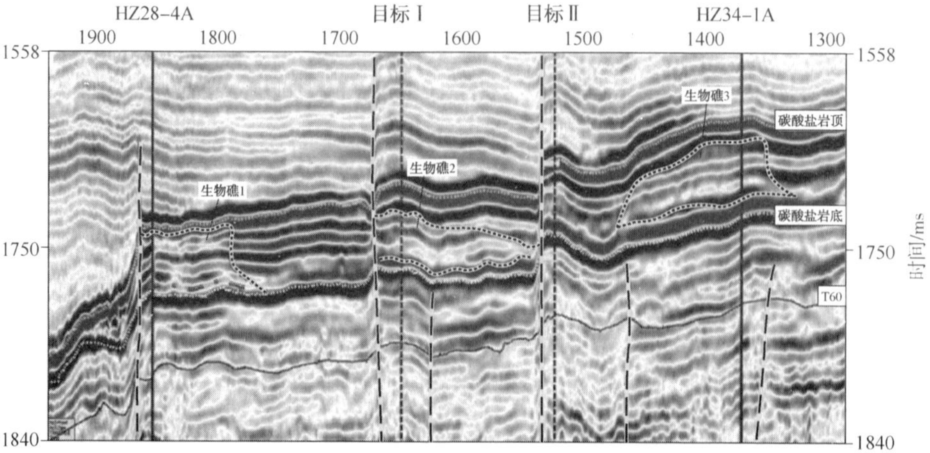

图 1-2(q) 珠江盆地某勘探区连井测线上地震剖面生物礁（点线位置）及本次断层（灰黑色虚线位置）解释成果示意图（据吴其林修改，2016 年）

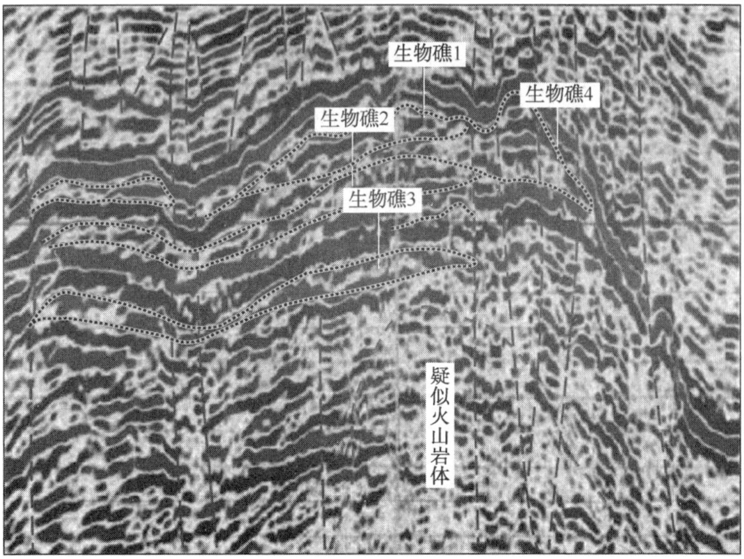

图 1-2(r)　珠江盆地某勘探区 A 测线上地震剖面多层叠置式生物礁体(点线位置)及本次断层(虚线位置)解释成果示意图(据冯全雄修改，2012 年)

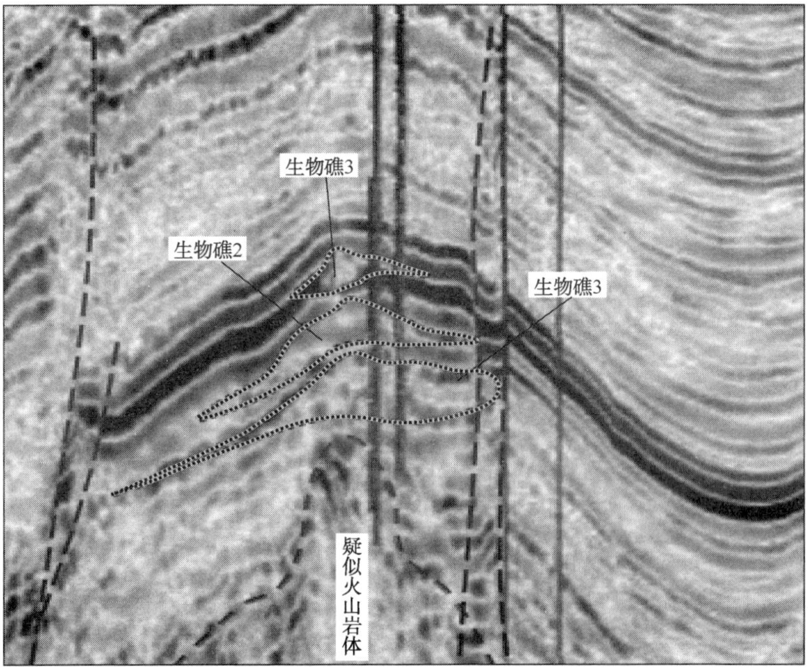

图 1-2(s)　珠江盆地某勘探区 C 测线上地震剖面补丁礁(生物礁的一类)(点线位置)及本次断层(灰色虚线位置)解释成果示意图(据冯全雄修改，2012 年)

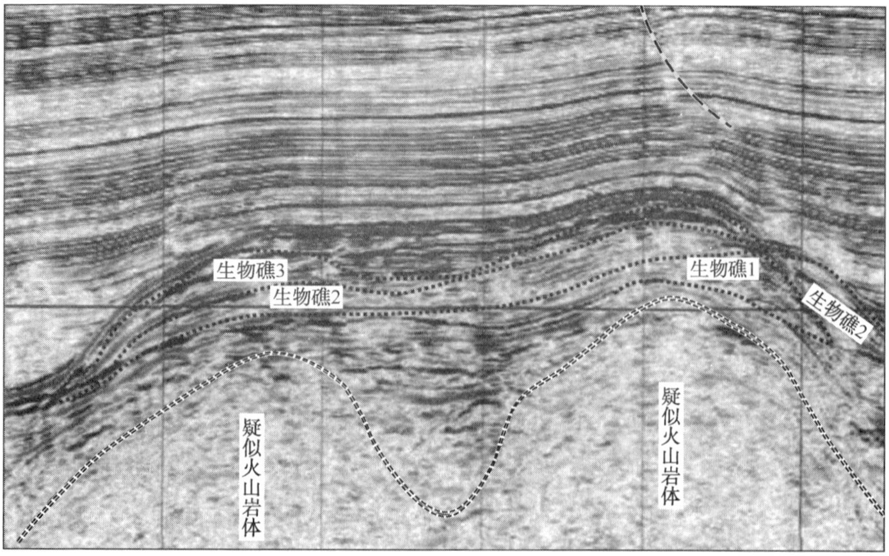

图 1-2(t)　珠江盆地某勘探区 D 测线上地震剖面环礁(生物礁的一类)(点线位置)及断层(灰黑色虚线位置)、火山岩体(双虚线位置)解释成果示意图(据冯全雄修改，2012 年)

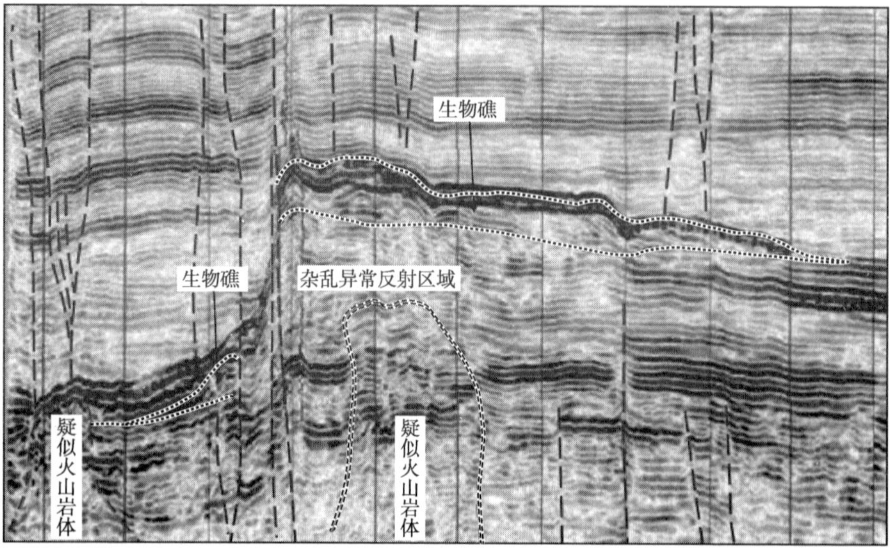

图 1-2(u)　珠江盆地某勘探区 E 测线上地震剖面台地边缘生物礁(点线位置)及本次断层(灰黑色虚线位置)、火山岩体(双虚线位置)解释成果示意图(据冯全雄修改，2012 年)

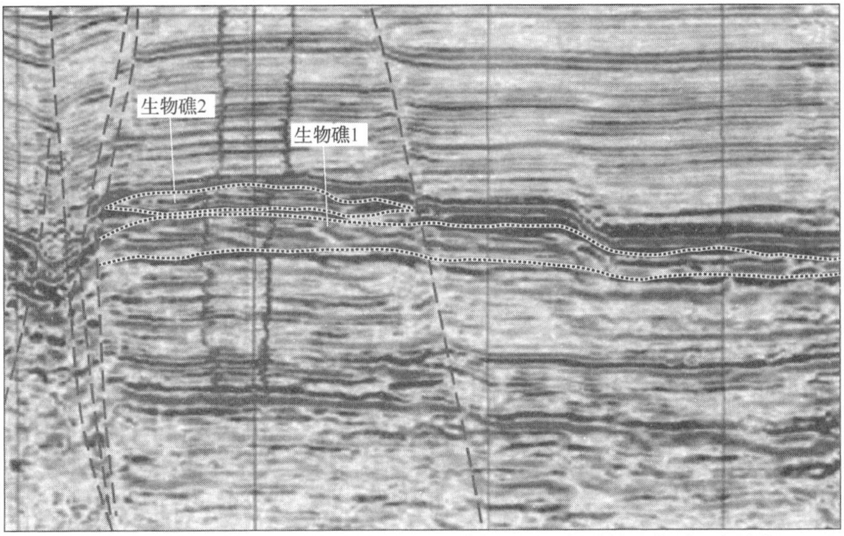

图 1-2(v)　珠江盆地某勘探区 F 测线上地震剖面叠置式层状生物礁(点线位置)及本次断层(灰黑色虚线位置)解释成果示意图(据冯全雄修改，2012 年)

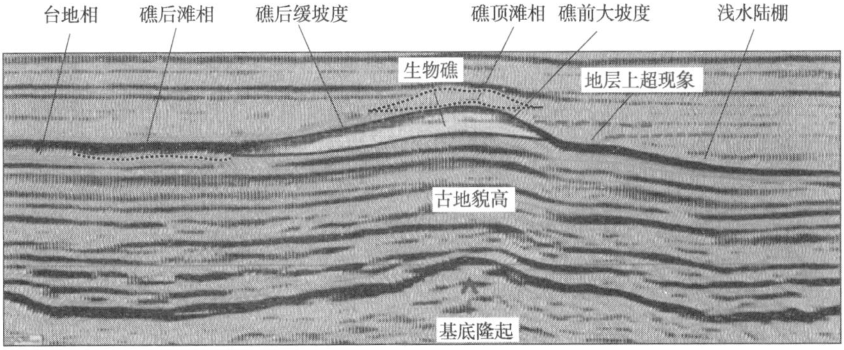

图 1-2(w)　珠江盆地某勘探区 G 测线上地震剖面生物礁及其相关沉积现象解释成果示意图(据冯全雄修改，2012 年)

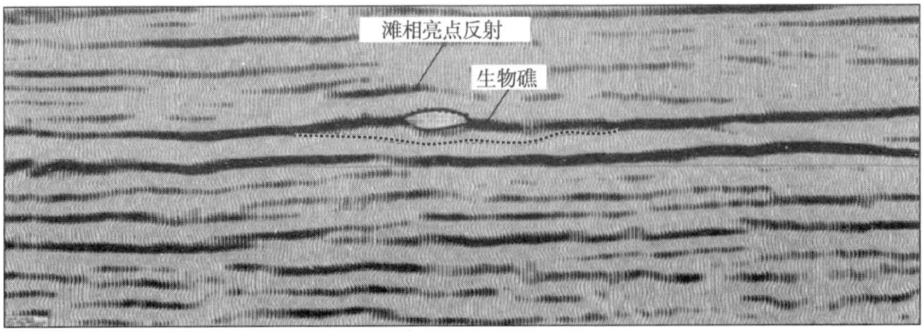

图 1-2(x)　珠江盆地某勘探区 H 测线上地震剖面生物礁滩相解释成果示意图(据冯全雄修改，2012 年)

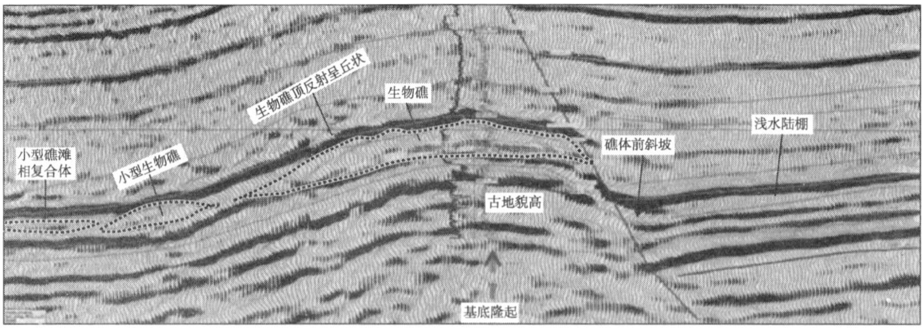

图 1-2(y)　珠江盆地某勘探区 H1 测线上地震剖面生物礁滩相及其地质现象解释成果示意图(据冯全雄修改，2012 年)

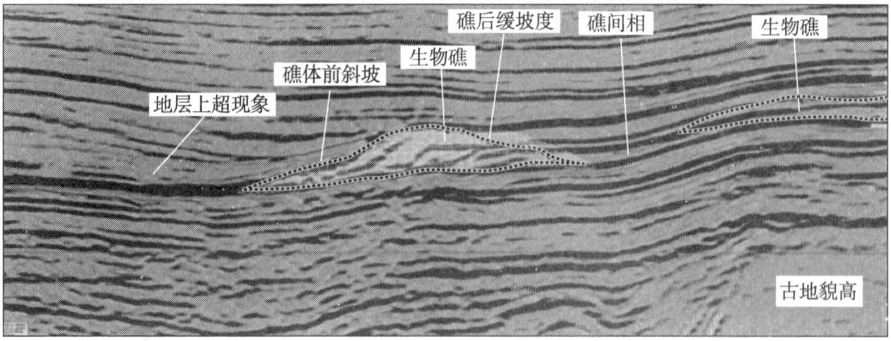

图 1-2(z)　珠江盆地某勘探区 H12 测线上地震剖面生物礁滩相及其地质现象解释成果示意图(据冯全雄修改，2012 年)

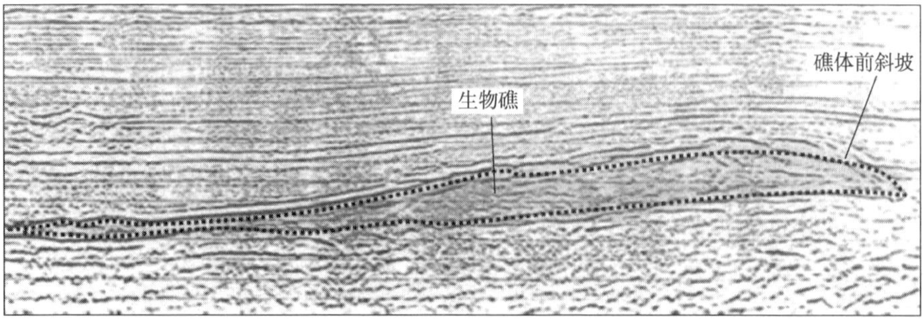

图 1-3(a)　珠江盆地某勘探区过白云 7-1 构造地震剖面中生物礁体解释成果示意图(据冯全雄修改，2012 年)

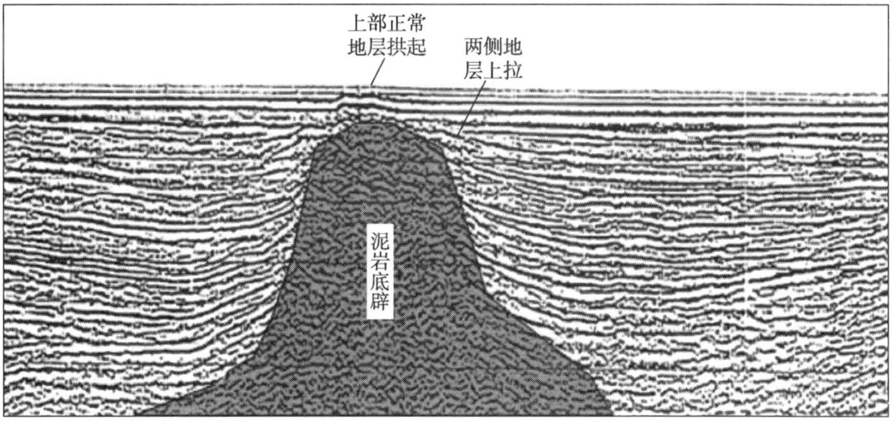

图 1-3(b)　珠江盆地某勘探区地震剖面泥岩底辟解释成果示意图（据冯全雄、胡平忠修改，2012 年）

注：泥岩体两侧的地层呈现出披覆的特征，单斜构造形态。

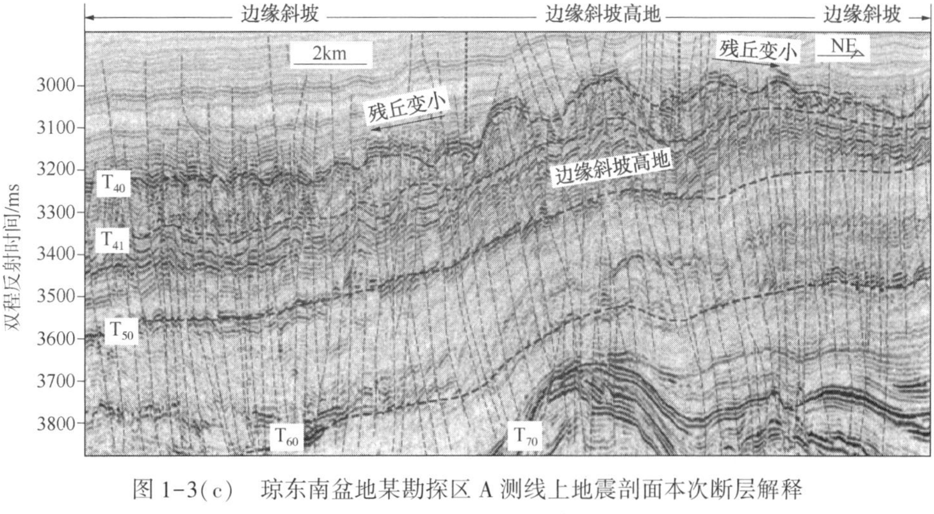

图 1-3(c)　琼东南盆地某勘探区 A 测线上地震剖面本次断层解释（灰色细虚线位置）成果示意图（据李俞锋修改，2017 年）

注：地震剖面中残丘的地震反射特征呈顶部凹凸不平状，断层呈走滑断层的特征。

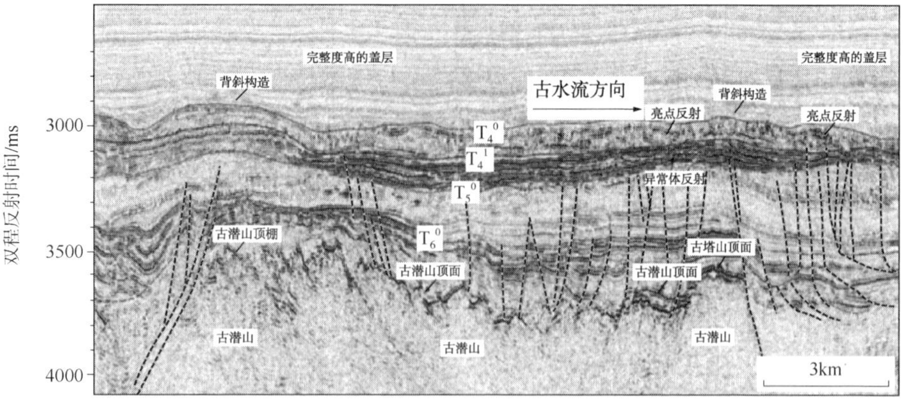

图 1-3(d)　琼东南盆地某勘探区 B 测线上地震剖面各种地质现象解释成果（灰色细虚线为断层）示意图（据李俞锋修改，2017 年）

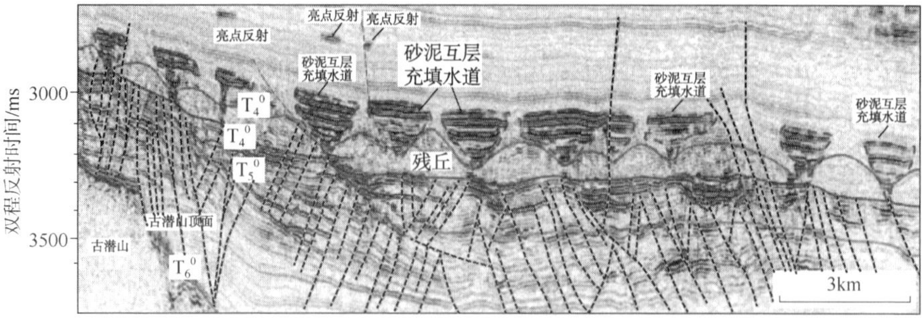

图 1-3(e)　琼东南盆地某勘探区 C 测线上地震剖面各种地质现象解释成果（灰色细虚线为本次解释的断层）示意图（据李俞锋修改，2017 年）

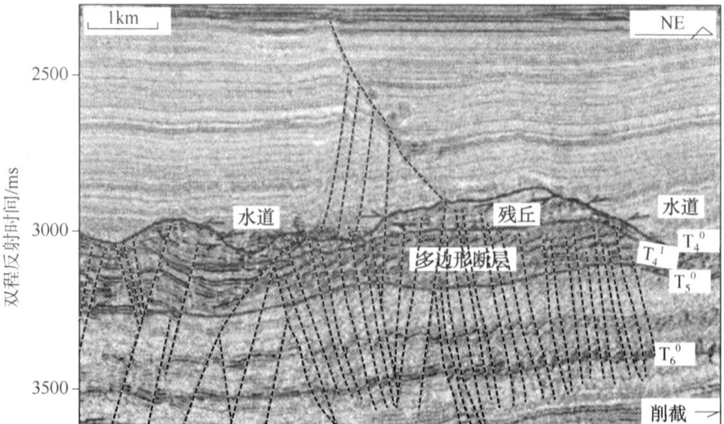

图 1-3(f)　琼东南盆地某勘探区 D 测线上地震剖面各种地质现象解释成果（灰色细虚线为本次解释的断层位置）示意图（据李俞锋修改，2017 年）

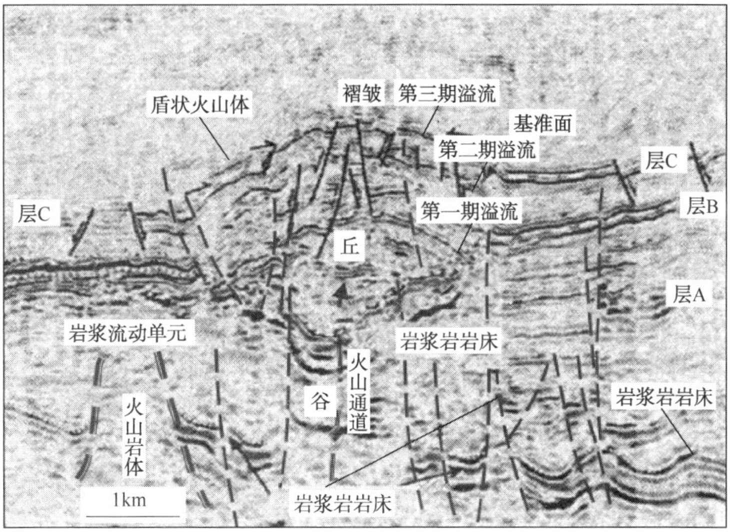

图 1-3(g) 琼东南盆地某勘探区 G 测线上地震剖面岩浆岩体相关地震现象解释成果[虚线(本次解释断层)及实线(原解释断层)综合为解释断层位置]示意图(据李俞锋修改，2017 年)

注：黑色实线为原断层解释，灰黑色虚线为本次增加的断层解释成果，本次所增加的断层解释成果可以作为对原断层系统的补充及精细解释，另外，根据解释成果分析，该火山岩体具有多期喷发的特征，并向其周围发生溢流。

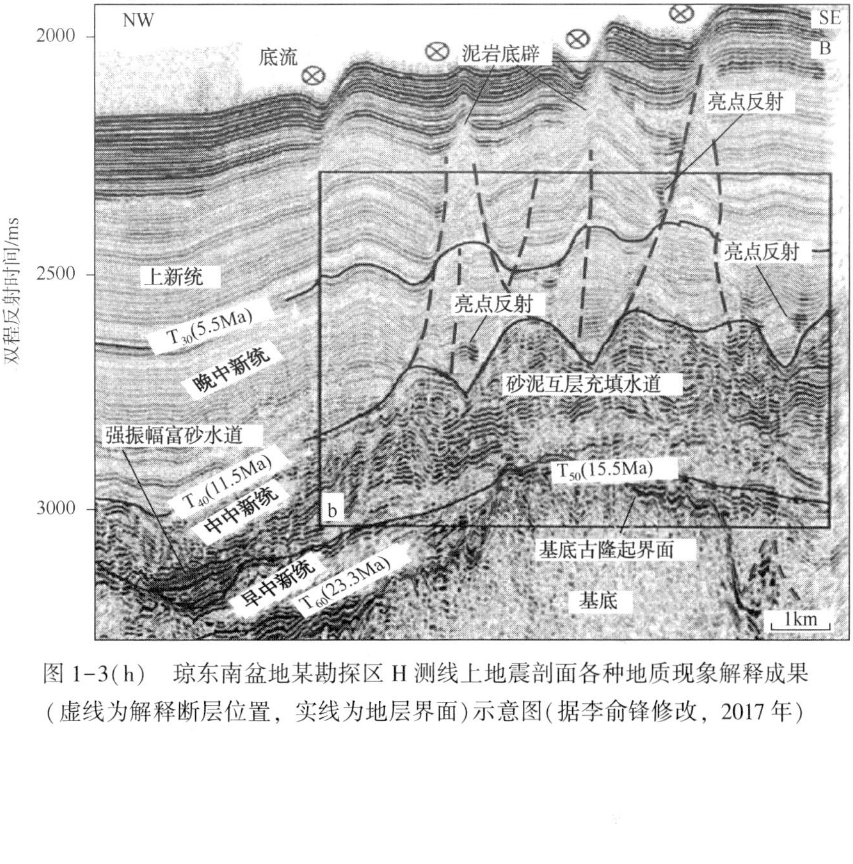

图 1-3(h) 琼东南盆地某勘探区 H 测线上地震剖面各种地质现象解释成果(虚线为解释断层位置，实线为地层界面)示意图(据李俞锋修改，2017 年)

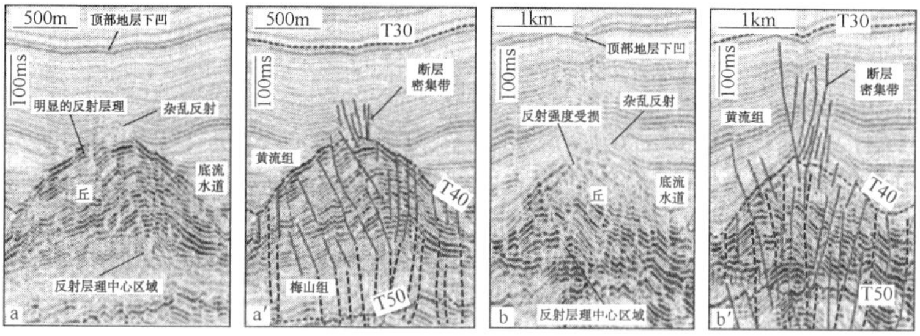

图 1-3(i) 琼东南盆地梅山组丘形沉积体(火山岩体)内外相关复杂断层解释成果示意图(据李俞锋修改，2017 年)

注：剖面中的灰色实线为原断层解释，灰黑色虚线为本次增加的断层解释成果，本次所增加的断层解释成果可以作为对原断层系统的补充及精细解释。

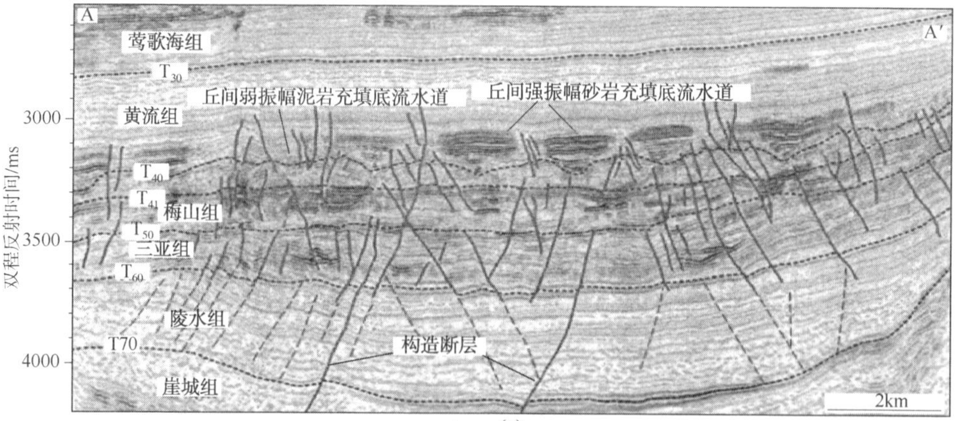

(a)

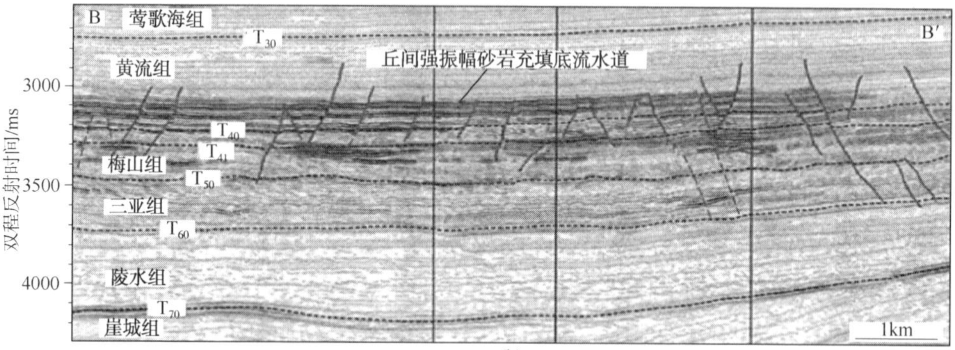

(b)

图 1-3(j) 琼东南盆地相关地震剖面中的复杂断层解释及亮点型底流水道砂岩解释成果示意图(据李俞锋修改，2017 年)

注：剖面中的灰色实线为原断层解释，灰色虚线为本次增加的断层解释成果，本次所增加的断层解释成果可以作为对原断层系统的补充及精细解释。

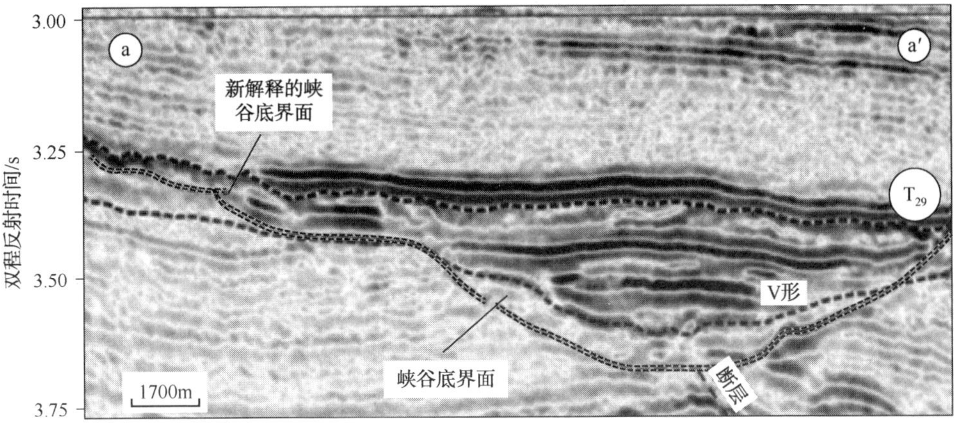

图 1-3(k)　琼东南盆地某勘探区 H 测线上地震剖面中不同峡谷底界面解释示意图
（据张鹏修改，2020 年）

注：双虚线为新解释的峡谷底界面的解释结果，虚线为原峡谷底界面的解释结果，可见两种结果有差异，峡谷水道内亮点反射现象清晰，沉积物与边界的反射尖灭点也相对明显。

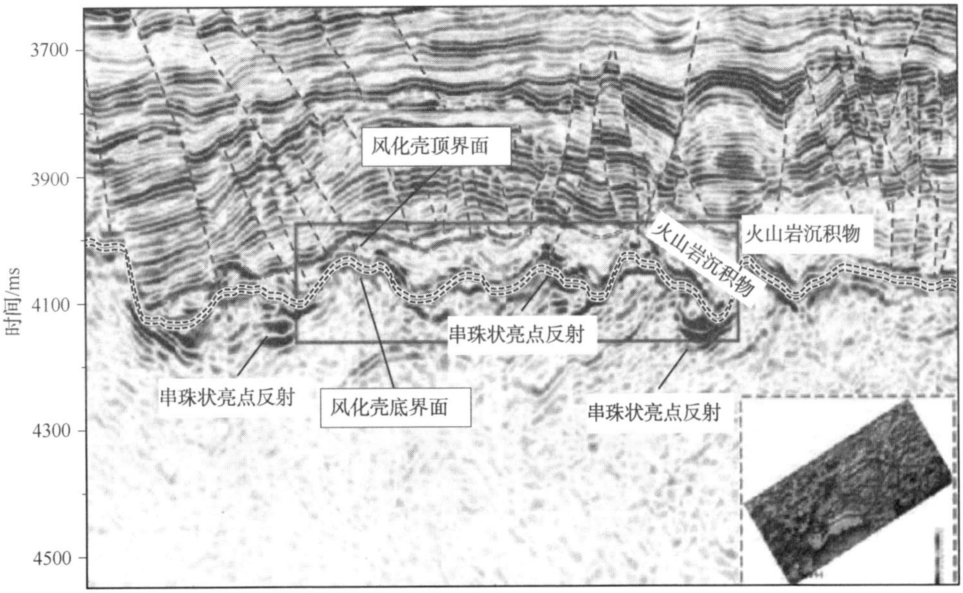

图 1-3(l)　琼东南盆地某勘探区 A 测线上地震剖面地震资料精细解释示意图
（据王曙煜修改，2020 年）

注：灰黑色虚线为本次解释的断层位置，火山岩沉积物顶部解释界面则为灰色双虚线。

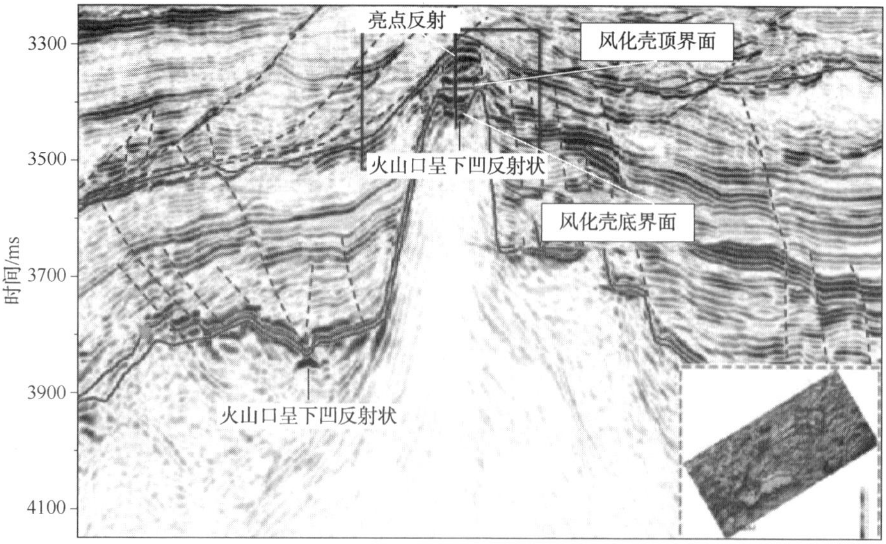

图 1-3(m) 琼东南盆地某勘探区 C 测线上地震剖面火山岩体及断层(灰黑色虚线位置)精细解释示意图(据王曙煜修改, 2020 年)

注：灰黑色虚线为本次解释的断层位置，注意地震剖面中的火山口的反射特征。

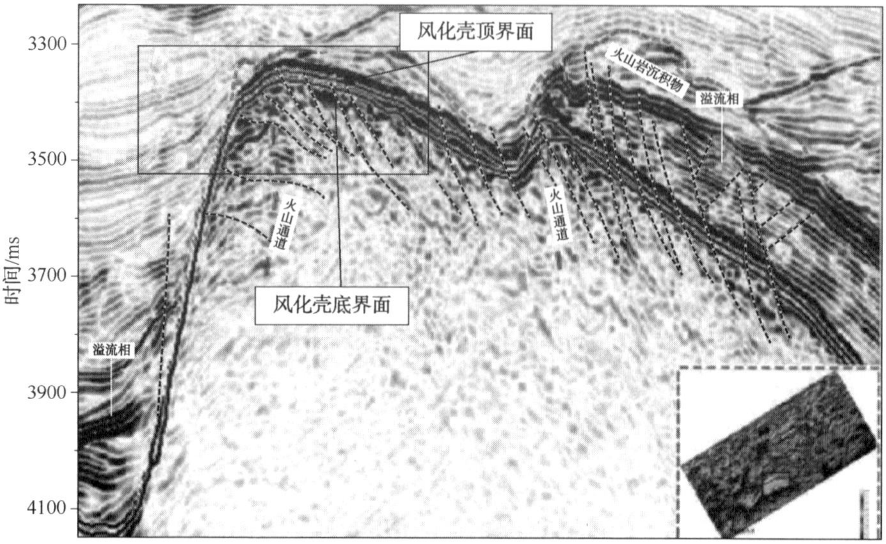

图 1-3(n) 琼东南盆地某勘探区 D 测线上地震剖面火山岩体及断层(虚线位置)精细解释示意图(据王曙煜修改, 2020 年)

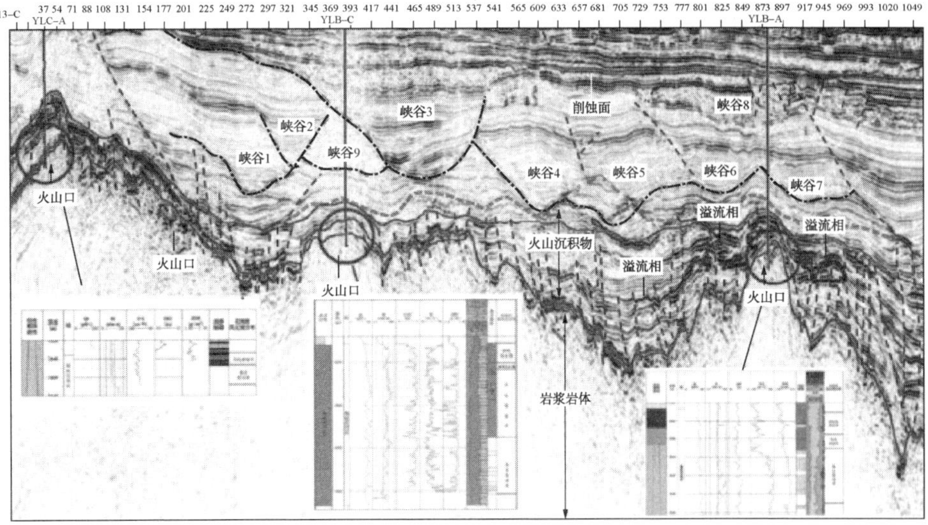

图 1-3(o)　琼东南盆地某勘探区连井测线上地震剖面中火山岩体及断层(灰黑色虚线位置)、各种地质现象精细解释示意图(据王曙煜修改，2020 年)

注：灰黑色虚线为解释的断层位置，灰色点划线为解释的峡谷边界位置，注意这三口井的布设方式、目的及终孔位置。

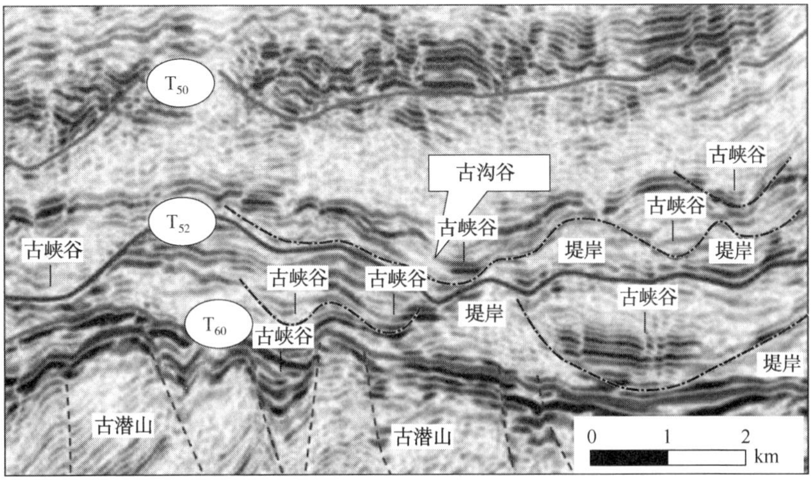

图 1-3(p)　琼东南盆地某勘探区 B6 测线上地震剖面不同沉积体、地质现象(点划线区域)及本次断层(灰黑色虚线)精细解释示意图(据张凤廉修改，2018 年)

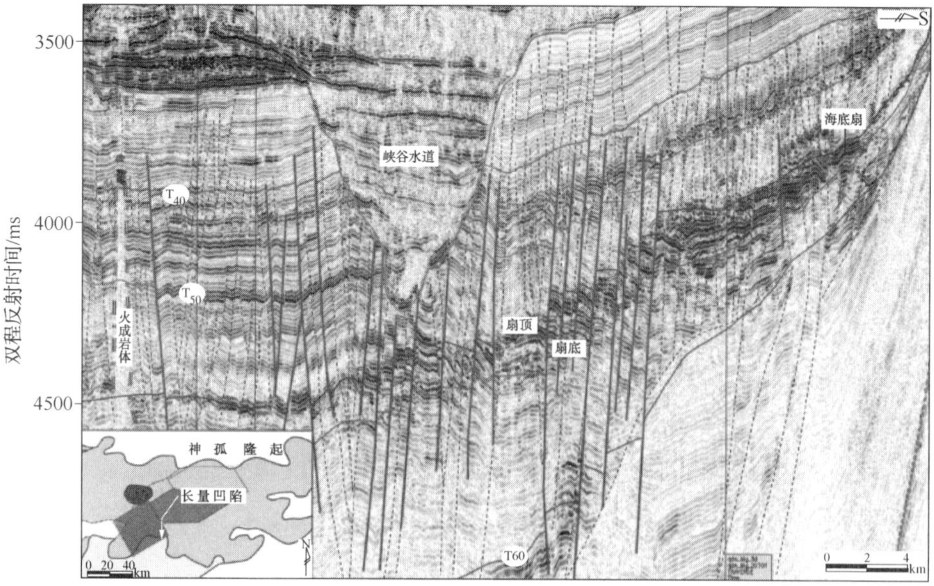

图 1-3(q) 琼东南盆地某勘探区 B3 测线上地震剖面不同沉积体、地质现象及断层［虚线(本次解释)及实线(原剖面解释)］精细解释示意图(据张风廉修改，2018 年)

注：大型古峡谷的形成，与其下伏的正断层关系很大，剖面中的灰色粗实线为原断层解释，灰色细虚线为本次增加的断层解释成果，本次所增加的断层解释成果可以作为对原断层系统的补充及精细解释。

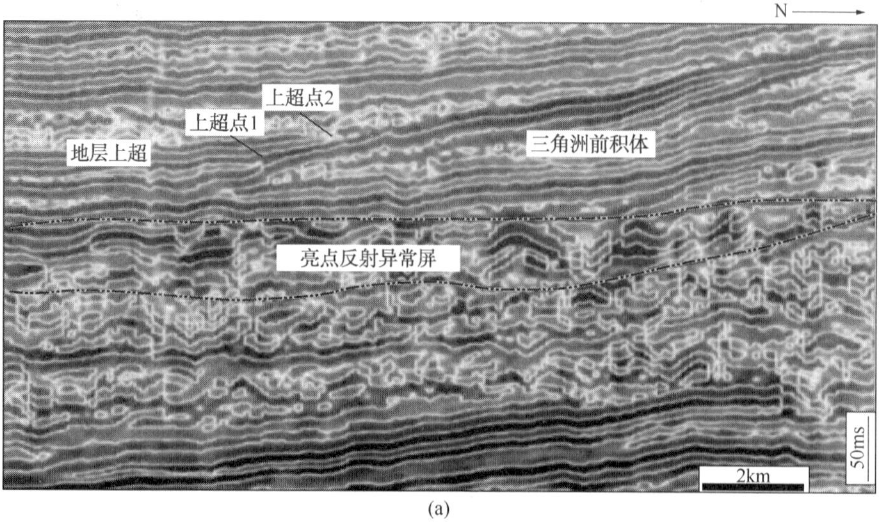

(a)

图 1-3(r) 莺歌海盆地某勘探区某地震剖面各种地震地质现象解释示意图(据平坛桥修改，2019 年)

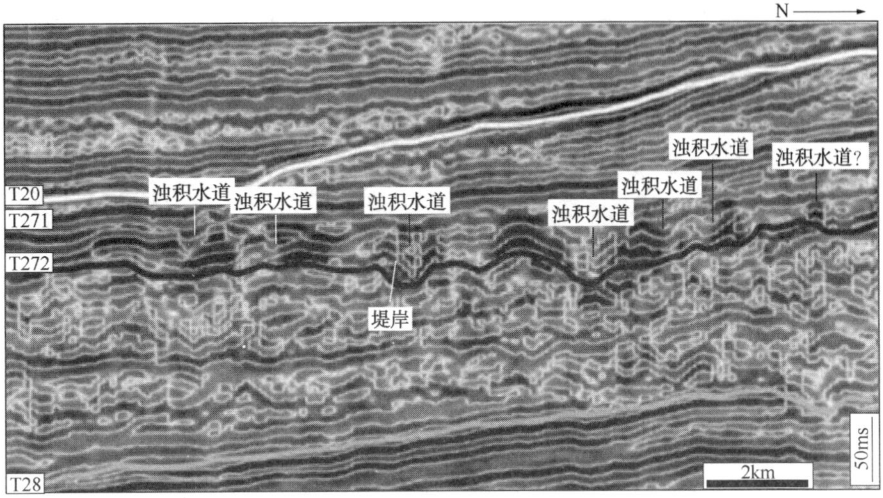

(b)

图 1-3(r)　莺歌海盆地某勘探区某地震剖面各种地震地质现象解释示意图(据平坛桥修改，2019 年)(续)

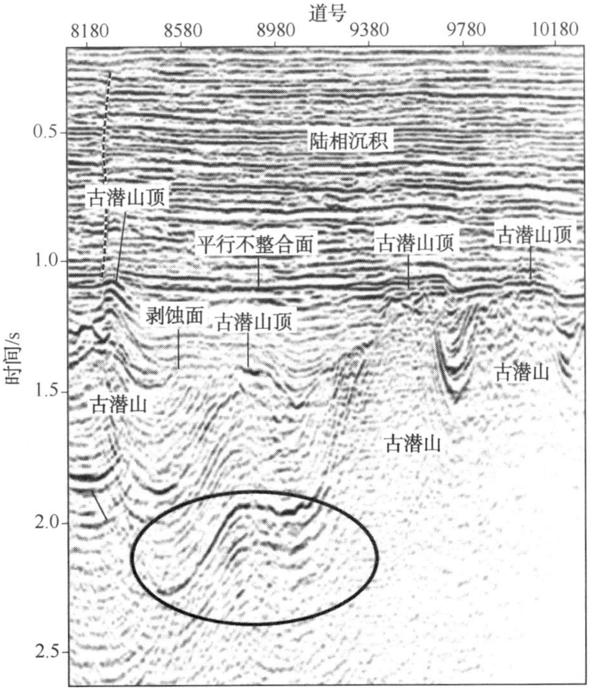

图 1-3(s)　南黄海盆地某勘探区某地震剖面各种地震地质现象解释示意图
(据刘俊修改，2020 年)

注：黑色虚线为本次解释的直立状断层位置，注意线圈内的早期的古潜山，一般情况下，古潜山的顶部区域具有较好的油气勘探潜力。

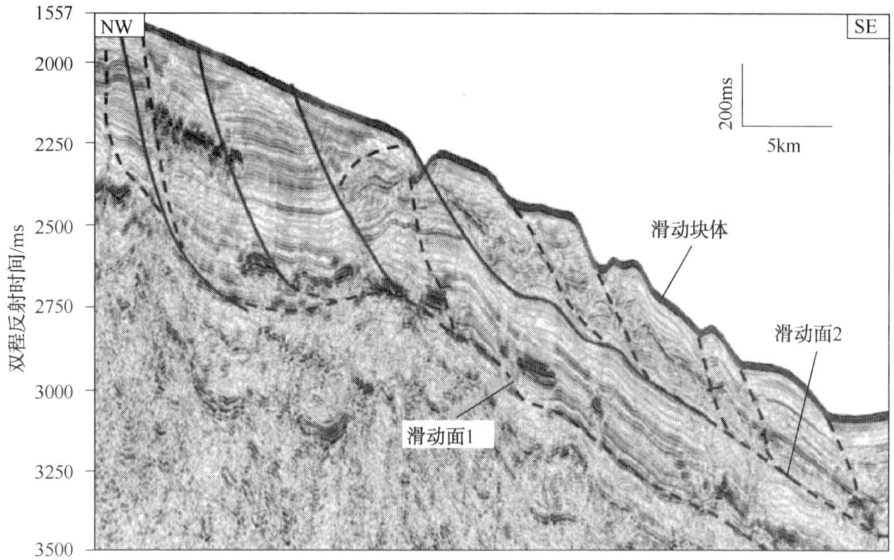

图 1-3(t)　中建南盆地某勘探区 H 测线上地震剖面中浅层滑动块体及滑动面［虚线(本次解释)+实线(原解释)］解释示意图(据秦志亮修改，2009 年)

注：注意地震剖面中的滑动面 1 上部的亮点反射，推测为含油气区域。

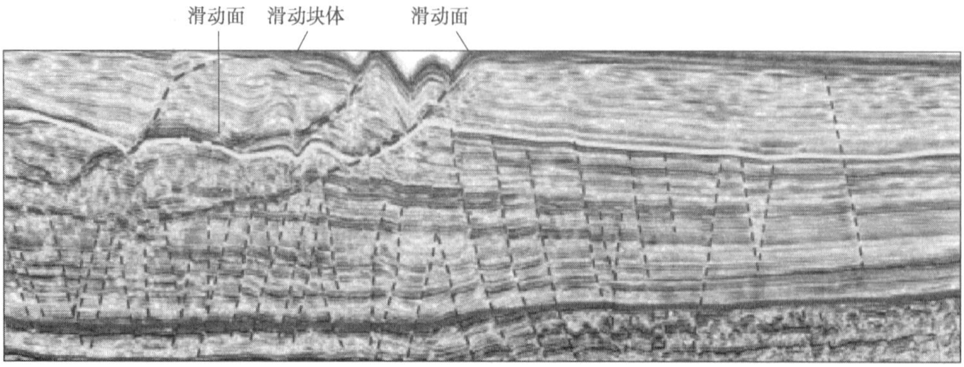

图 1-3(u)　中建南盆地某勘探区 M11 测线上地震剖面中浅层滑动块体及滑动面、下伏地层中的断层体系(灰色虚线位置，本次断层解释)精细解释示意图(据赵卫修改，2011 年)

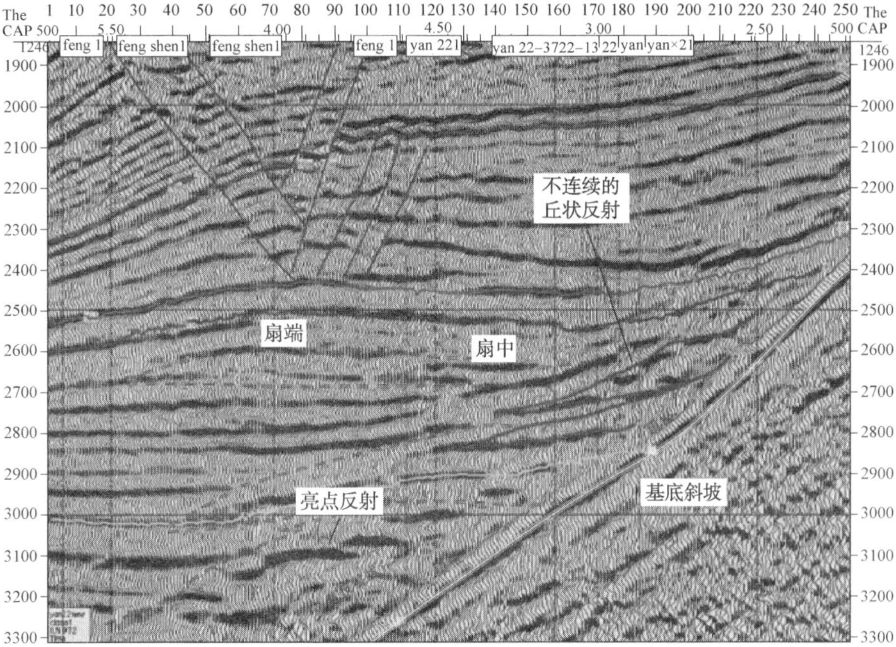

图 1-3(v)　东营凹陷某地震测线内本次断裂及冲积扇体精细解释示意图
(据李宇航修改，2016 年)

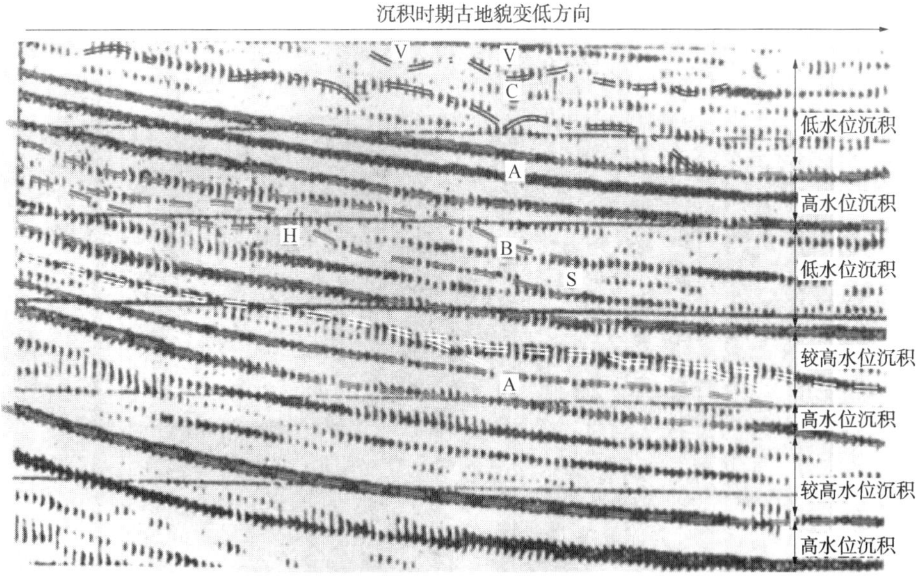

图 1-3(w)　百色盆地某条地震测线内湖泊和三角洲地震反射结构示意图(据麻建明修改，2005 年)

注：A 区域为浅湖相，席状平行反射；B 区域为湖相三角洲，丘状(H)和叠瓦状前积(S)反射；C 区域为浅岸三角洲，丘状(H)和谷形(V)反射。图中的双虚线位置为不同的地震反射结构的界面位置。

1.2 地震构造精细解释特点

利用相关勘探区传统的地震资料构造解释成果，再次形成地震资料精细构造解释技术，是在熟练掌握地震资料的前提下，对断层及层位进行严谨的、带入地质模型的解释。在实施相关精细构造解释的情况下，地震剖面上的一些小断层及层位产状的微弱变化应该被识别及解释。地震剖面内的每一条同相轴都应赋予一定的地质意义，如不同的岩性界面或油气异常所造成的界面反射等。在地震资料精细解释过程中，要对相关的解释成果进行验证，或者对解释的层位及断层进行多次或多轮解释，直到得到完美的解释结果。一般情况下，地震资料精细解释要求解释工作者思路清晰、解释过程细致、解释结果合理、解释成果美观等，具体应该做到以下几点。

(1) 建立正确的构造解释模型，对地震剖面上的目的层段的反射波同相轴做出准确判断及识别，确定其产状及形成原因，合理地进行层位及断层的解释工作。

(2) 对断层造成反射波的杂乱及同相轴错断、断面波的识别等应做出合理判断，在地震剖面上精确地画出断层线，断层线要穿过剖面上已知的断点或杂乱区等。一般情况下，要求所解释的断面形状相对圆滑，断层样式合理，符合研究区域的地质认识。

(3) 充分认识解释工区的地质情况，特别是针对目的层的一些特殊地质体(生物礁、火山、河道等)要了解其异常体的地震反射特征。在解释过程中，要结合这些特殊地质体的分布情况对目的层进行验证性解释，关于不整合面的地震资料解释也必须注意。

(4) 在地震资料解释过程中，解释工作者要细心，不放过可疑的解释结论，并反复修改解释模型，使其能很好或最优化地表达地下的地质情况，让地震解释结果与地质认识(或地表地质情况)、钻探成果吻合。

(5) 在地震资料解释过程中，要充分结合其他属性数据体(相干数据体、瞬时振幅数据体等)，进行关于目的层的一系列沿层切片的属性提取，从而实现解释结果与相关属性的相互验证，并根据验证结果及已有的钻井资料、更新的地质认识等进一步地修改以前的地震资料解释结论[图 1-4(a)~(f)]。

(6) 在地震资料解释过程中，要注意解释数据体的选择。一些针对特殊地质体的解释，通常原则上要求地震数据体是高分辨率的，目的层反射特征清晰及断点性质明确等，真实反映地下地质现象。

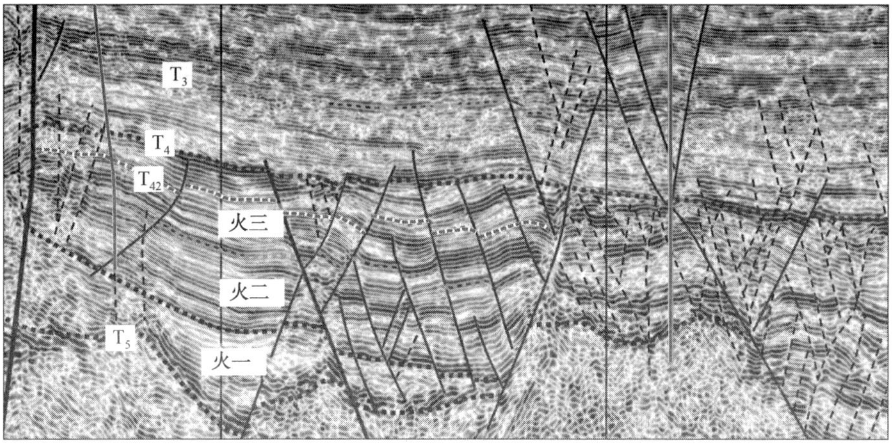

图 1-4(a) 松辽盆地某勘探区 A 测线地震剖面复杂断层解释模式示意图(据杨文婷修改，2020 年)

注：灰色实线为原断层解释成果，灰色虚线为本次增加的断层解释成果，可见 T_4 界面为一个区域上的沉积间断面或为剥蚀面，不同的黑色及灰色点线为解释的层位界面，本次增加的断层成果可以作为对原断层系统的补充及精细解释。

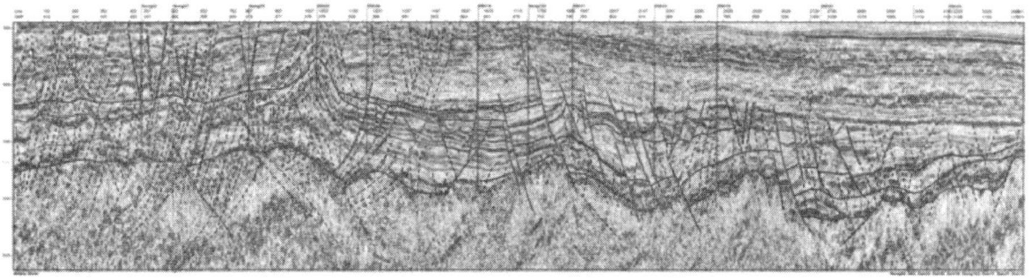

图 1-4(b) 松辽盆地某勘探区 F 测线地震剖面复杂断层解释模式示意图(据杨文婷修改，2020 年)

注：灰色实线为原断层解释成果，灰色虚线为本次增加的断层解释成果，可见有些断层已断至基底，岩浆岩体的顶界面也呈起伏状，高低有致。

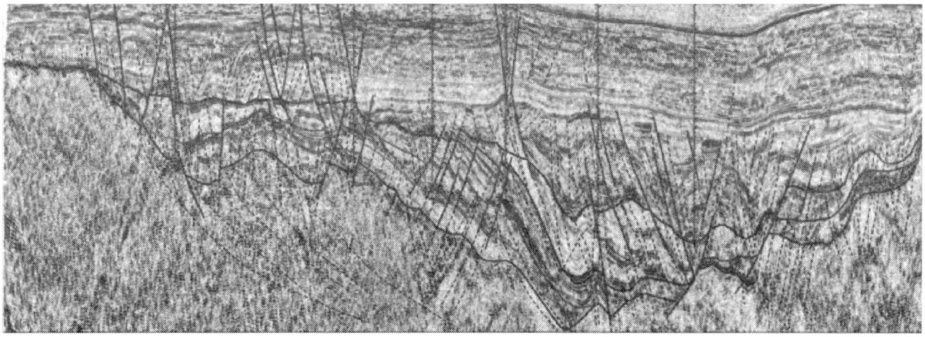

图 1-4(c) 松辽盆地某勘探区 G 测线地震剖面内复杂断层解释模式示意图(据杨文婷修改，2020 年)

注：灰色实线为原断层解释成果，灰色虚线为本次增加的断层解释成果，可见图中的深部凹陷，两侧基岩相对隆起，相关井都布设在这个凹陷内部。

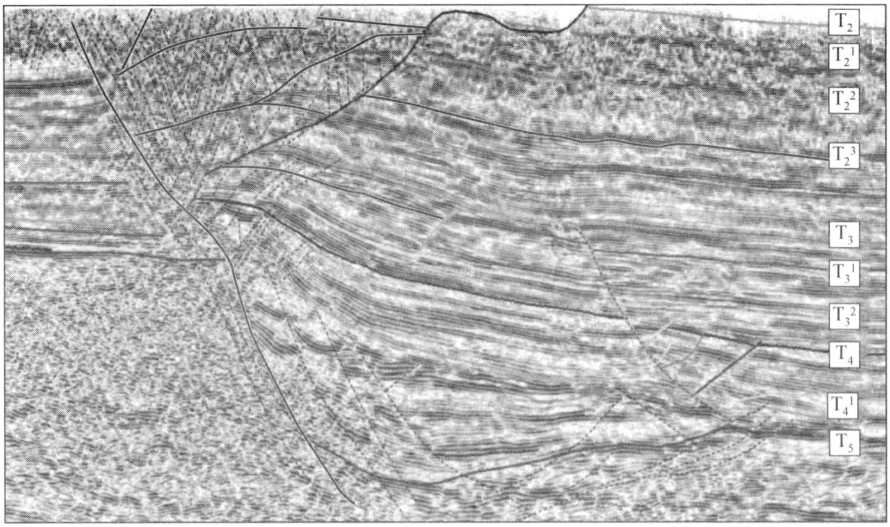

图 1-4(d)　松辽盆地某勘探区 A 测线地震剖面内复杂断层解释模式示意图
(据李丹修改，2013 年)

注：灰色实线为原断层解释成果，灰色虚线为本次增加的断层解释成果，可见大型正断层所造成其下盘的火山岩体(剖面左侧位置)整体抬升并遭受了风化剥蚀。

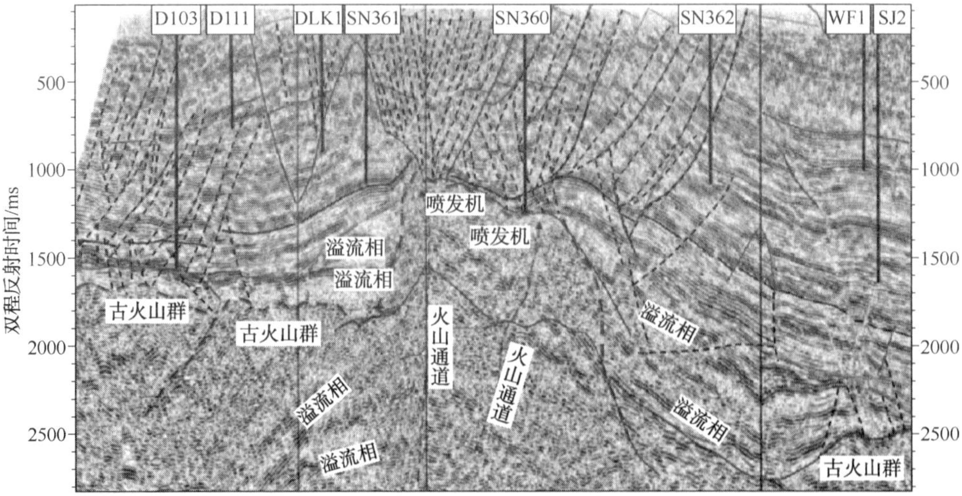

图 1-4(e)　松辽盆地某勘探区连井测线上地震剖面复杂断层及火山体解释模式示意图
(据李丹修改，2013 年)

注：灰色实线为原断层解释成果，黑色虚线为本次增加的断层解释成果，可见到基底的火山岩体相对发育，一部分钻井(如 SN360 井及 D103 井)均钻至火山岩体上，WF1 井则钻至断层上盘的一个微幅背斜构造区域，背斜核部呈微下凹状，推测因含油气所引起(WF1 井的终孔位置)。

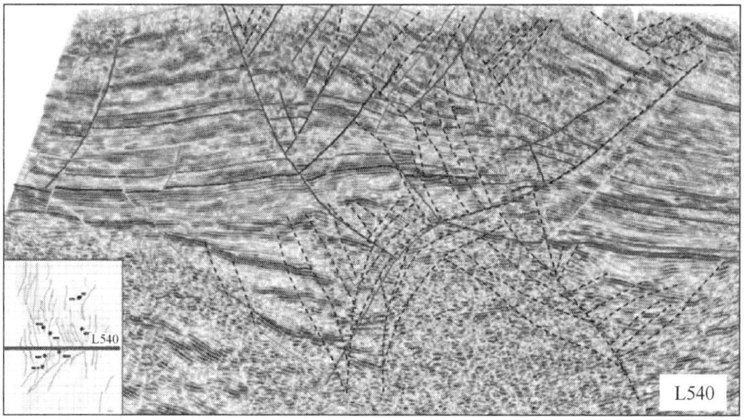

图 1-4(f)　松辽盆地某勘探区 L540 测线上地震剖面复杂断层解释模式示意图
(据李丹修改，2013 年)

注：灰色实线为原断层解释成果，黑色虚线为本次增加及修改的断层解释成果，可见本次断层解释相对精细，一些断层所引起的微幅构造被识别。

1.3　地震构造解释讨论

总而言之，地震资料构造解释是一个综合过程，存在多解性，须有相关的钻井资料证实及验证解释方案的正确性。否则，地震资料构造解释只是一个观念性的认识，既可能有相关概率的胜算，也可能因错误的解释而导致勘探失败。另外，地震资料解释往往也受地震资料质量、地质构造复杂程度及解释工作者的认识、经验等因素影响，随着钻井资料的增加，地震资料解释精度相对升高及多解性降低。

1.3.1　解释工作者经验及认识

在地震资料解释中，往往依赖于解释工作者的经验及认识。如在某个勘探区的地震资料解释中，就有不同的解释工作者的不同的地震资料解释模式。在图 1-5(a)中，有些原断层解释仍然存在一些不合理的现象，而在图 1-5(b)中，本次的断层解释成果相对合理一些。此外，由于不同解释工作者的解释模式及经验、认识及解释的精细度不一样，也导致地震资料的解释具有多种模式(图 1-6~图 1-17)，增加了构造解释结果的不确定性。

1.3.2　地震剖面质量

地震剖面质量直接关系到解释成果质量，这毋庸置疑。如在某条地震测线的地震资料处理环节中，由于其所定义的观测系统出现错误，导致其地震剖面不能准确成像，故而不能对其进行解释；又如某二维地震勘探区，一些测线处理是时间域的，一些测线处理是深度域的，造成两者在解释软件里的数据库系统中，显示的纵坐标出现错误，从而导致二维测线层位及断层的解释点不闭合，进而导致解释成果不可靠。因此，在地震资料解释过程中，必须注意到地震剖面质量的问题。原则上要求把控地震资料采集及处理环节，不出现质量问题。一般情况下，二维地震剖面的质量比三维地震剖面差(图 1-18)，所以，在勘探的后期(取得油气突破后)，可以对研究区进行三维地震数据的采集、处理及解释等，所得到的研究成果优于二维地震资料。

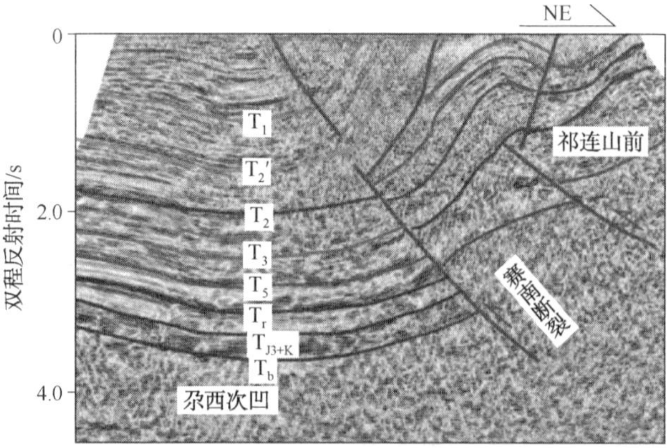

(a)原断层解释成果

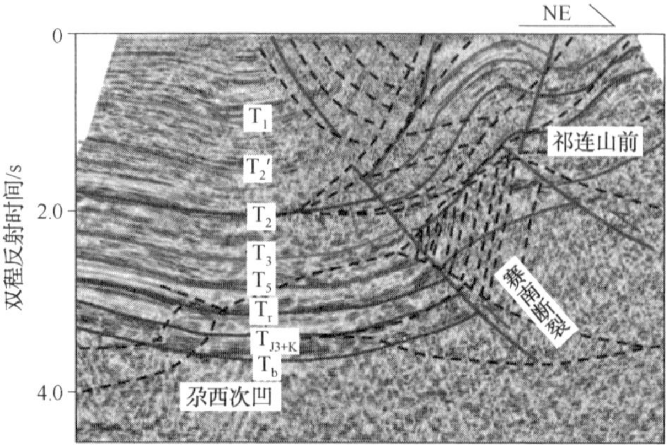

(b)本次解释成果(虚线)

图 1-5 柴达木盆地鱼卡地区 6289 地震测线内不同断层解释结果示意图（据盛双占修改，2019 年）

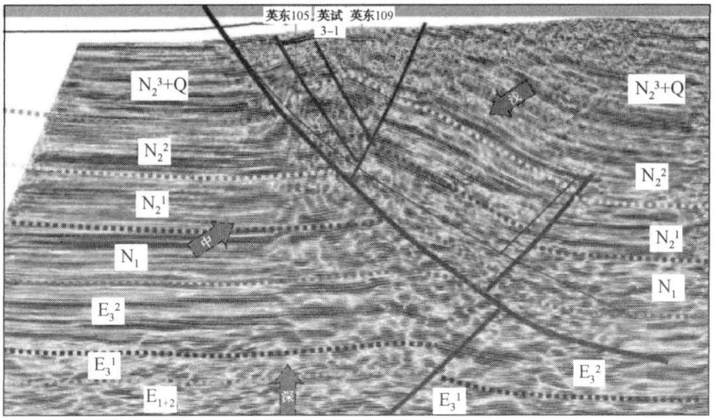

(a)原断层解释成果

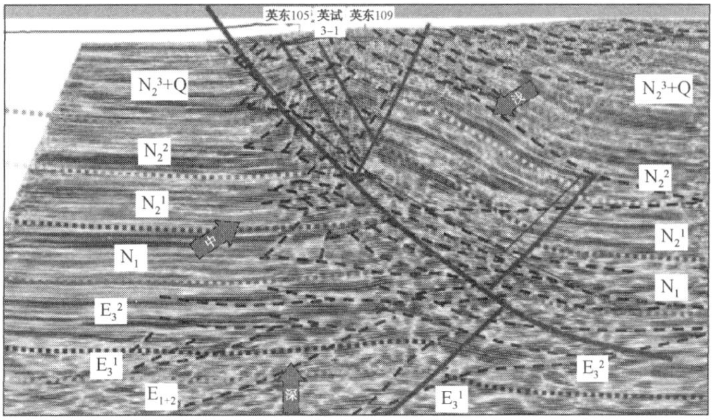

(b)本次解释成果(黑色虚线)

图 1-6　柴达木盆地关于英东一号构造样式的地震测线内不同断层解释结果示意图（据盛双占修改，2019 年）

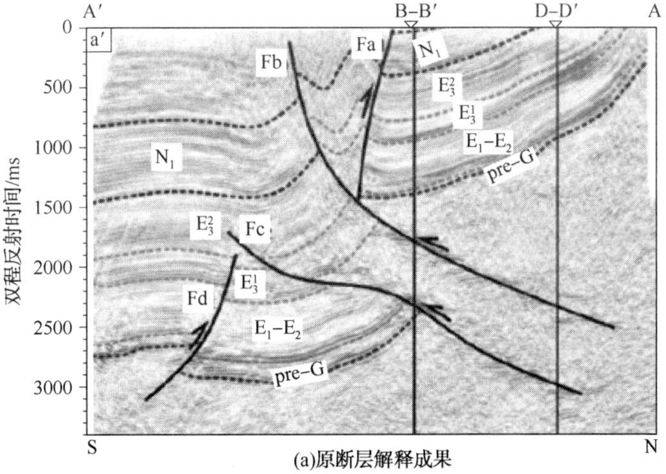

(a)原断层解释成果

图 1-7　柴达木盆地 A11 地震测线的不同断层解释结果示意图(据赵睿修改，2020 年)

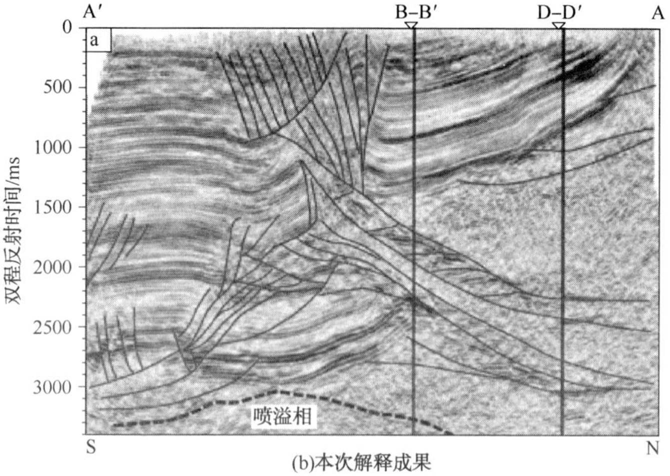

(b)本次解释成果

图 1-7 柴达木盆地 A11 地震测线的不同断层解释结果示意图(据赵睿修改，2020 年)(续)

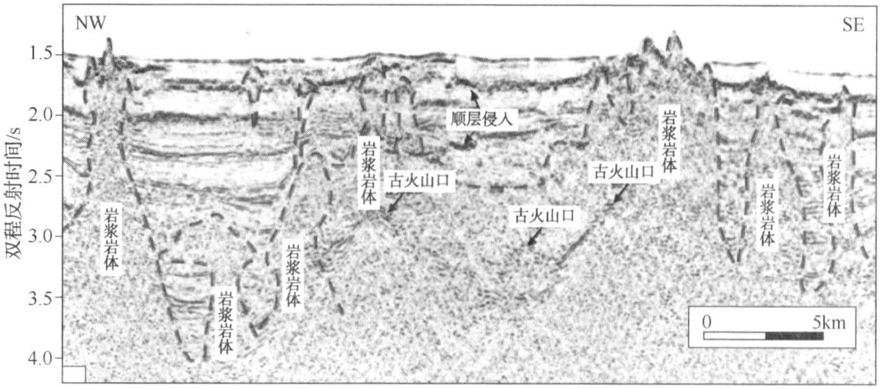

(a)本次解释

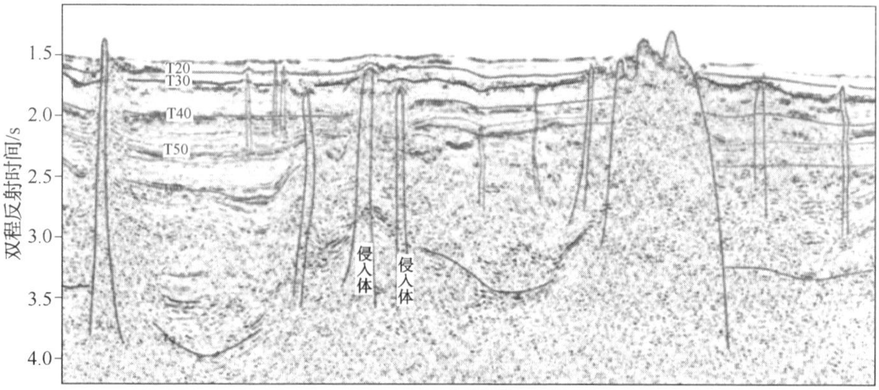

(b)原解释

图 1-8 珠江盆地某勘探区某条地震剖面岩浆岩体(隆起状)及其两侧披覆的沉积地层的不同解释成果示意图(据王红丽修改，2018 年)

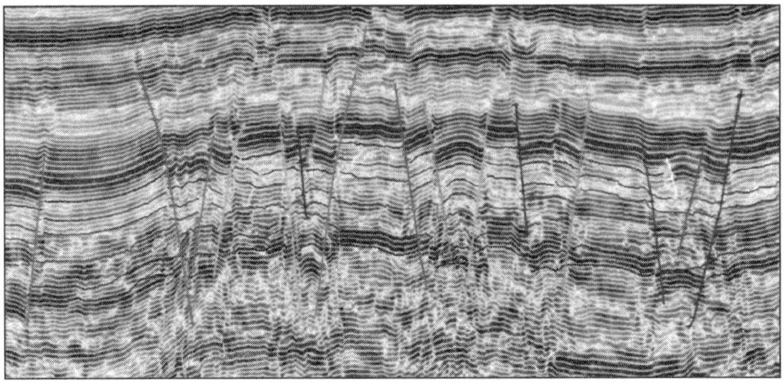

(a)原断层解释成果及模式

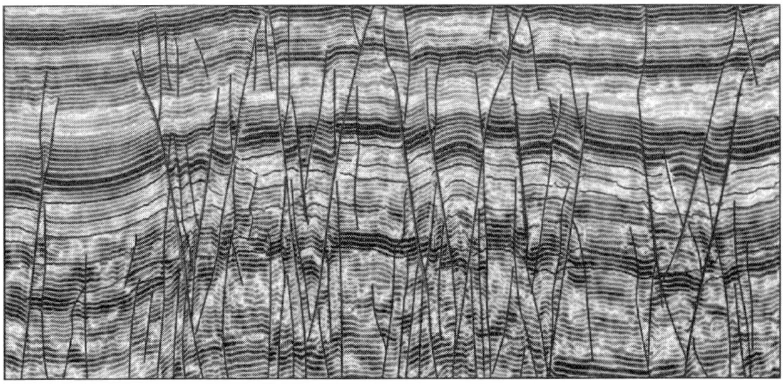

(b)本次断层解释成果及模式

图 1-9 汪南地区 inline1674 测线地震解释中的复杂断层解释模式示意图(据任光修改，2014 年)

注：研究成果认为，该区域断层以正断层解释模式为主，局部出现逆断层，也就是正断层与逆断层组成一条整体断层(反转断层)。从地震剖面上看，整体上显示出一个宽缓的破背斜形态。

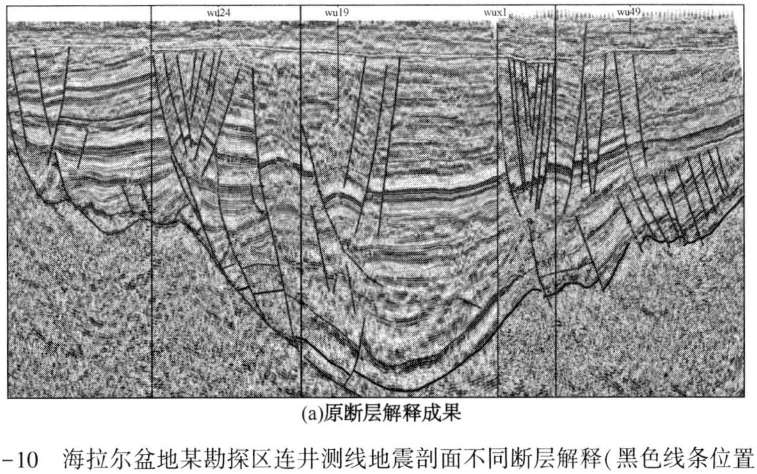

(a)原断层解释成果

图 1-10 海拉尔盆地某勘探区连井测线地震剖面不同断层解释(黑色线条位置)及各种地质现象解释示意图(据王雪峰修改，2010 年)

注：图(b)中粗黑色实线为原断层解释成果，灰黑色细实线为本次精细解释所增加的断层位置。

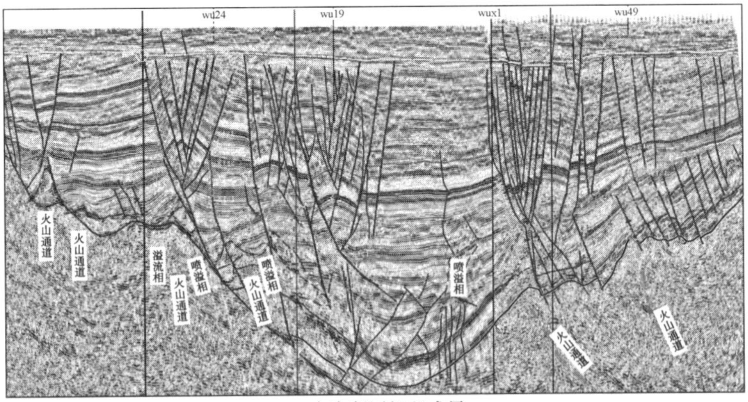

(b)本次断层解释成果

图 1-10　海拉尔盆地某勘探区连井测线地震剖面不同断层解释(黑色线条位置)及各种地质现象解释示意图(据王雪峰修改，2010 年)(续)

注：图(b)中粗黑色实线为原断层解释成果，灰黑色细实线为本次精细解释所增加的断层位置。

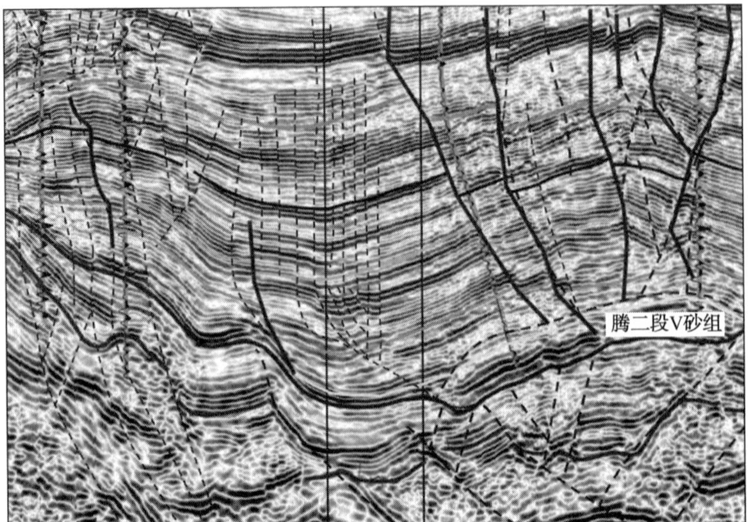

图 1-11　二连盆地某勘探区连井测线地震剖面断层(图中虚线及实线)及层位解释示意图(据周天旗修改，2020 年)

注：黑色粗实线为原断层解释成果，灰黑色细虚线为本次断层精细解释所增加的断层位置，本次所增加的断层成果可以作为对原断层系统的补充及精细解释、更正。

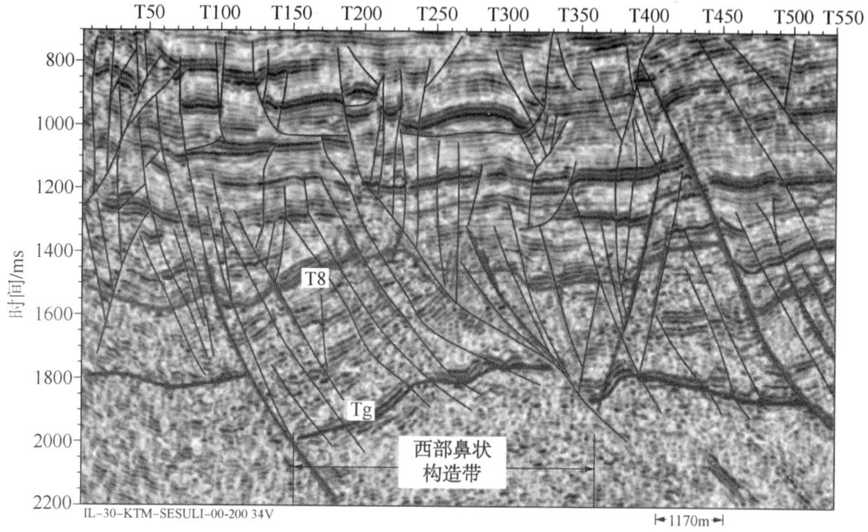

图 1-12　二连盆地某勘探区鼻状构造带的地震剖面断层及层位解释示意图（据任江丽修改，2019 年）

注：灰色粗实线及虚线为原断层解释成果，灰黑色细实线为本次精细解释所增加的断层位置，本次所增加的断层成果可以作为对原断层系统的补充及精细解释。

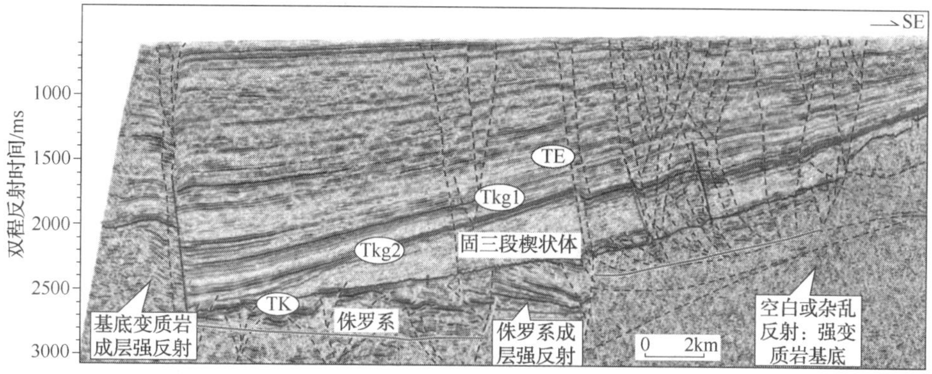

图 1-13　河套盆地某勘探区 A21 测线上地震剖面复杂断层体系［虚线（本次解释）+实线（原解释）］精细解释示意图（据王飞修改，2018 年）

注：灰色粗实线为原断层解释成果，灰黑色细实线为本次精细解释所增加的断层位置，可见两者在某些区域上呈局部重合，本次所增加的断层解释成果可以作为对原断层系统的补充及精细解释。

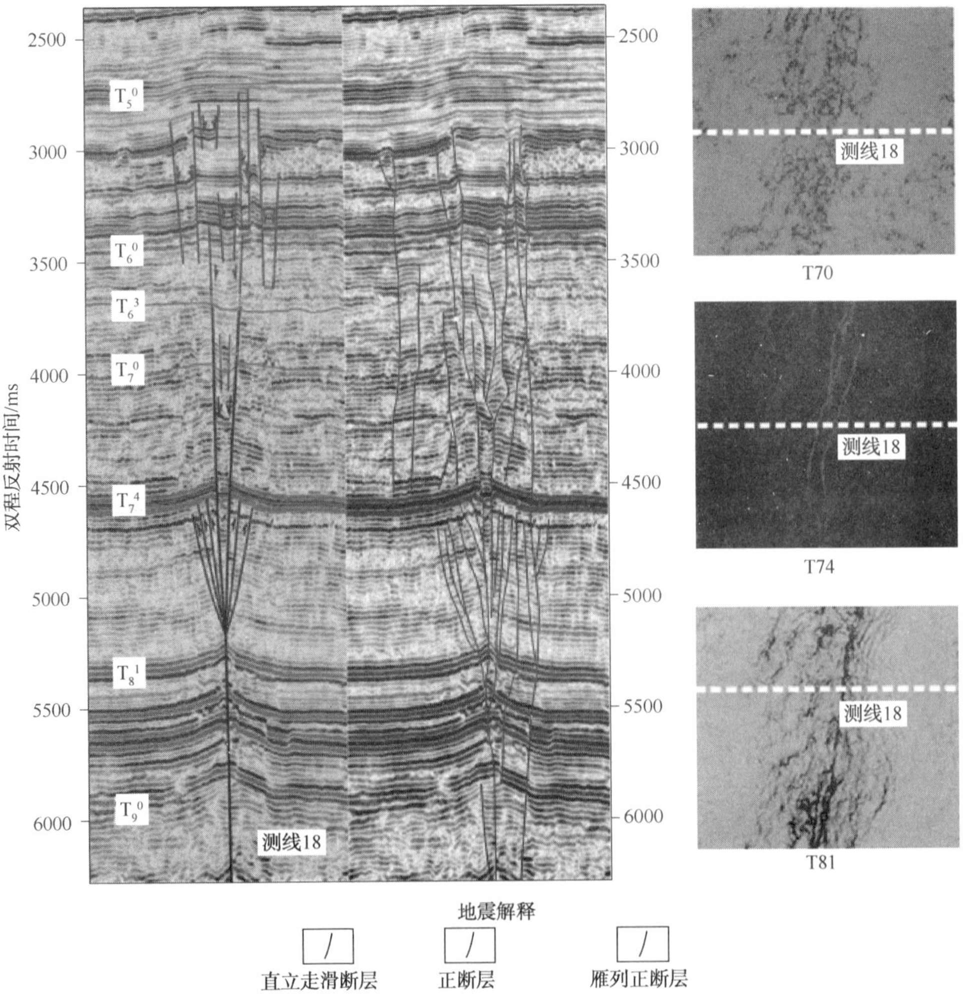

图 1-14　塔里木盆地顺北 5 号断裂带南段测线 18 地震剖面划分及断层精细解释、沿层相干切片成果示意图(据王子铁修改，2020 年)

注：左侧为原断层及层位的解释成果，右侧为本次断层解释成果，两者解释成果具有一定的差异性。

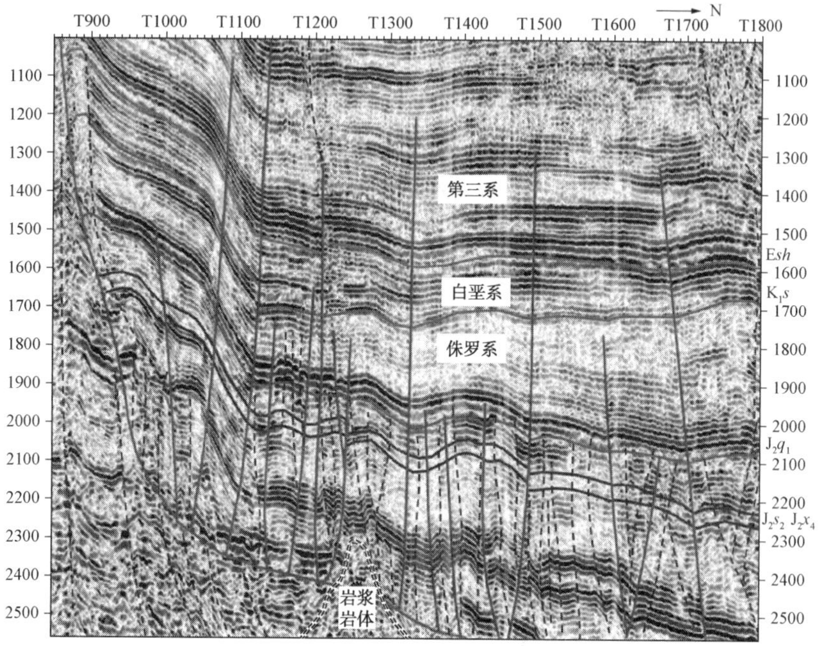

图 1-15　吐哈盆地葡北-葡萄沟勘探区 line1502 测线上的断裂(灰色细虚线为本次解释方案，灰色粗实线为原解释方案，两者结合)精细解释模式示意图(据刘志敏修改，2015 年)

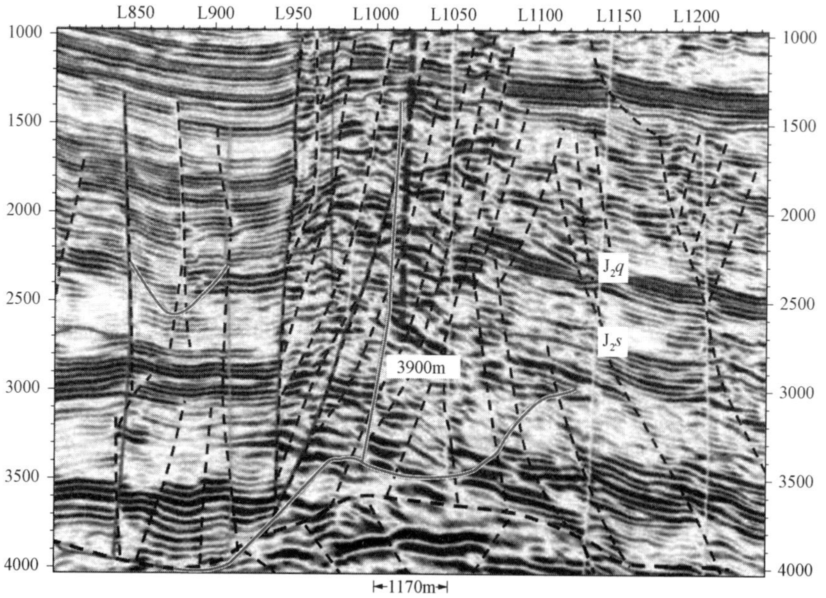

图 1-16　吐哈盆地某勘探区 A28 地震测线的不同断裂(黑色虚线为本次解释方案，灰色粗实线为原解释方案)解释成果对比示意图(据陈希修改，2016 年)

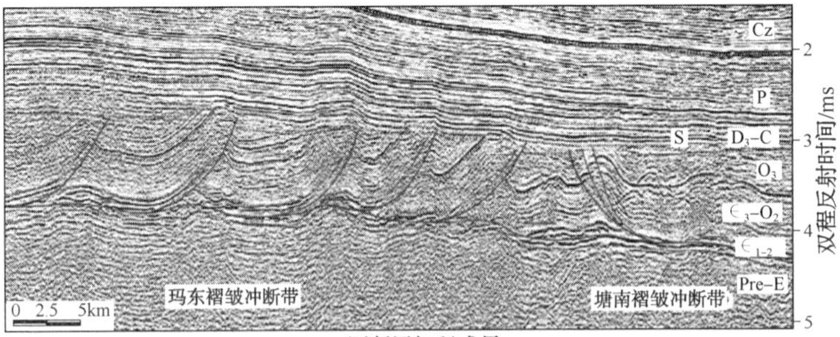

(a)原断层解释成果

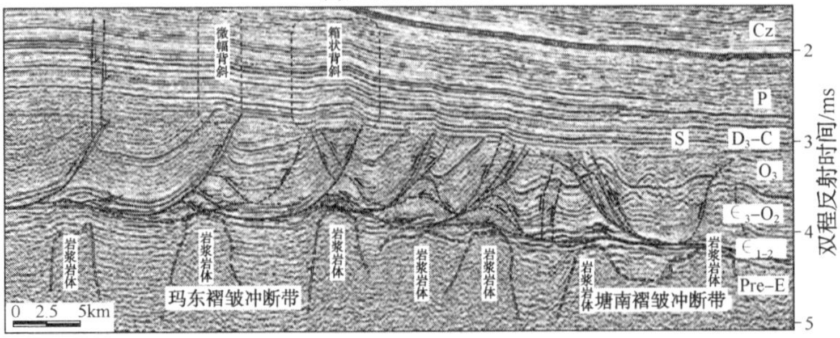

(b)本次断层解释成果

图 1-17 塔里木盆地某勘探区 A 号地震测线的不同断裂解释成果对比示意图

（据周慧等修改，2022 年）

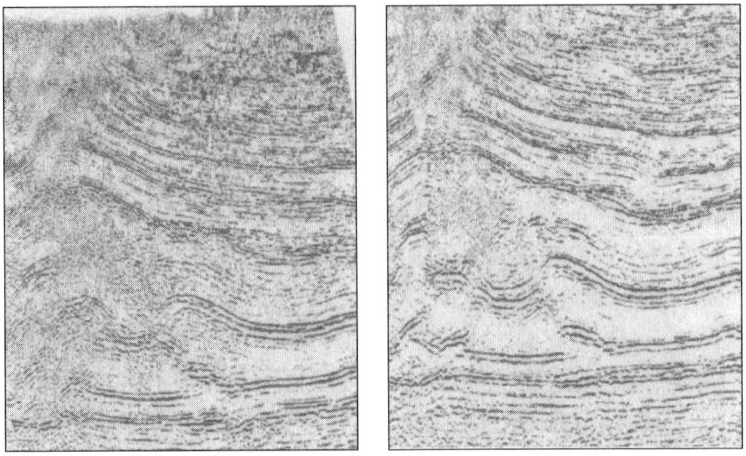

(a)

图 1-18 四川普光勘探区内二维及三维地震资料解释成果及波组特征对比示意图

（据杨贵祥，2006 年，略有改动）

注：图(a)中为二维地震剖面(左侧)及三维地震剖面(右侧)的对比，图(b)为对两者的质量监控对比解释成果，可见三维地震资料的成像优于二维地震资料。

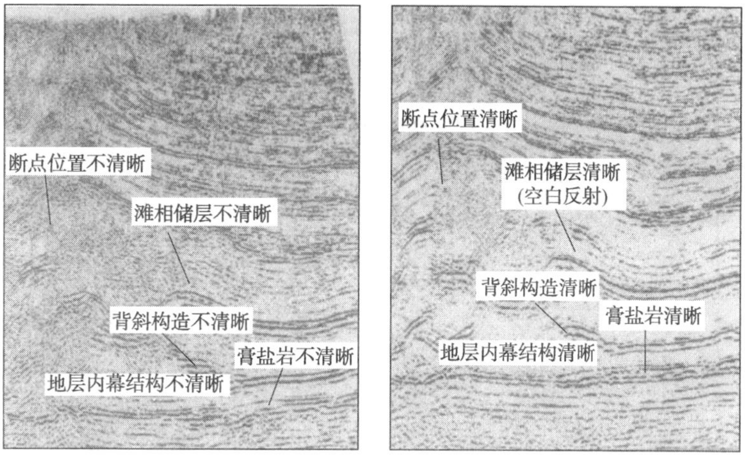

(b)

图 1-18　四川普光勘探区内二维及三维地震资料解释成果及波组特征对比示意图
(据杨贵祥，2006 年，略有改动)(续)

注：图(a)中为二维地震剖面(左侧)及三维地震剖面(右侧)的对比，图(b)为对两者的质量监控对比解释成果，可见三维地震资料的成像优于二维地震资料。

另外，由于地震资料处理的针对性(不同的目的层或目标体等使用的处理技术也可能不一样)不同，导致关于目标体的成像及解释成果也会出现差异。如在川中针对某目的层缝洞体的解释中，散射成像剖面相对优于常规地震剖面，对缝洞体的解释结果相对准确。在地震资料解释中，应尽量使用偏移类地震剖面(时间域及深度域，深度域相对好于时间域)或地震数据体进行解释，因为这些数据都对相关的层位及断层等进行偏移归位，而位于正确的位置上，与实际的地质情况吻合度较好(图 1-19~图 1-21)。而在地震叠加剖面中，由于存在与地质异常体(如盐丘或泥岩体等)相关的绕射波或干扰波等，造成在地震资料解释过程中对层位或异常体的位置不确定，并且与相关的地质现象具有一定的差异性(不归位处理所造成)，不能进行有效及相对准确性的解释。因此，在进行地震资料解释时，必须以偏移剖面为主，而叠加剖面可以作为一种辅助手段进行相关的地震资料解释工作。如在针对四川盆地的火山岩气藏的勘探开发中，针对某勘探区的地震资料处理，对某三维地震工区分别采用了常规各向异性叠前深度偏移处理技术及基于井驱动的各向异性叠前深度 Q 偏移处理技术，所得到的地震数据的剖面存在一定的差异性，一些目标区域的同相轴及火山岩体的成像不一样，从而导致地震资料解释出现多解。

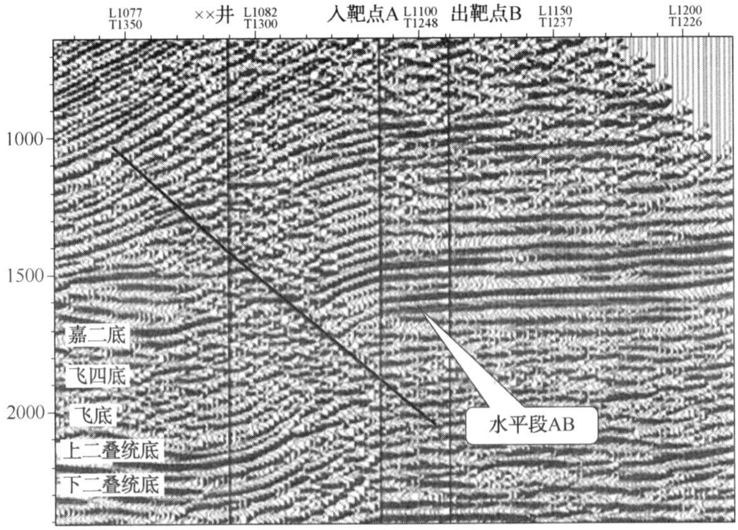

(a)叠前时间偏移

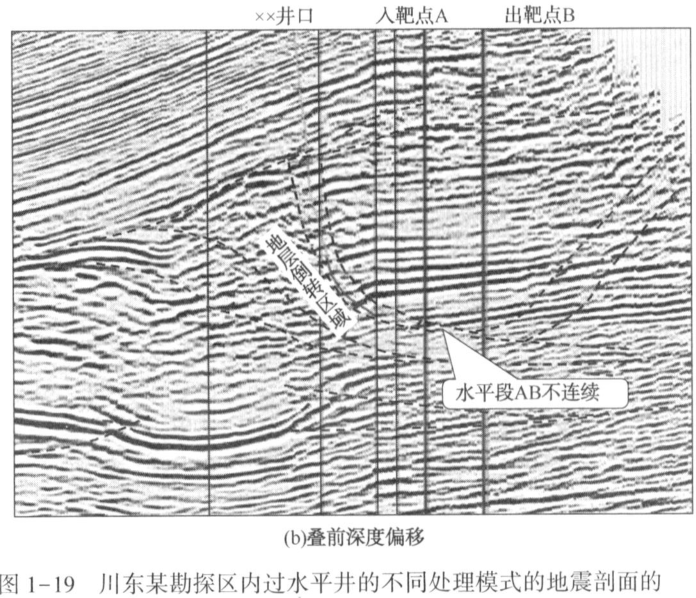

(b)叠前深度偏移

图 1-19 川东某勘探区内过水平井的不同处理模式的地震剖面的不同解释成果对比示意图(据张海杰等，2019 年，略有改动)

注：从两种不同域地震剖面的解释结果来看，时间域的水平井段设计在下二叠统底部区域相对平行的反射层段内，但深度域地震资料解释成果揭示，所钻的水平井段位于一个相对复杂的构造带内，实钻结果也揭示深度域地震资料解释成果相对优于时间域地震资料解释成果，水平井段钻入一个断层所构成的复杂构造带内。

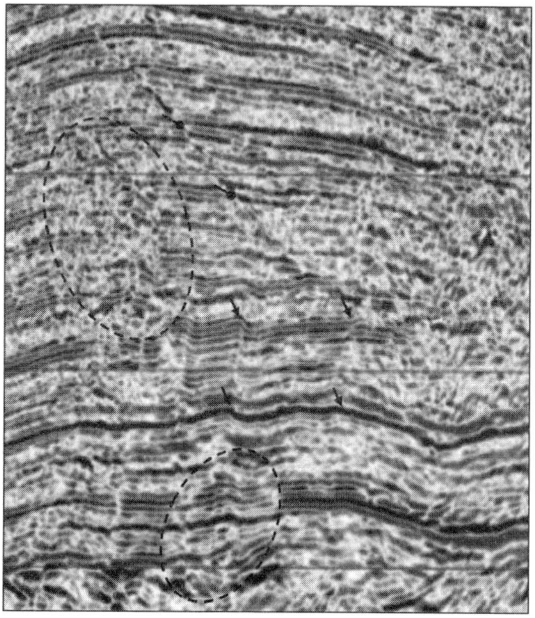

(a)插值前

(b)插值后

图 1-20　某勘探区内五维地震资料插值处理前后成果对比示意图(据肖明图等，2021 年，略有改动)

注：插值后的地震剖面具有信噪比提高、断点清晰及解释相对容易等特征(注意地震剖面中的箭头区域或虚线框内)，降低了解释的多解性。

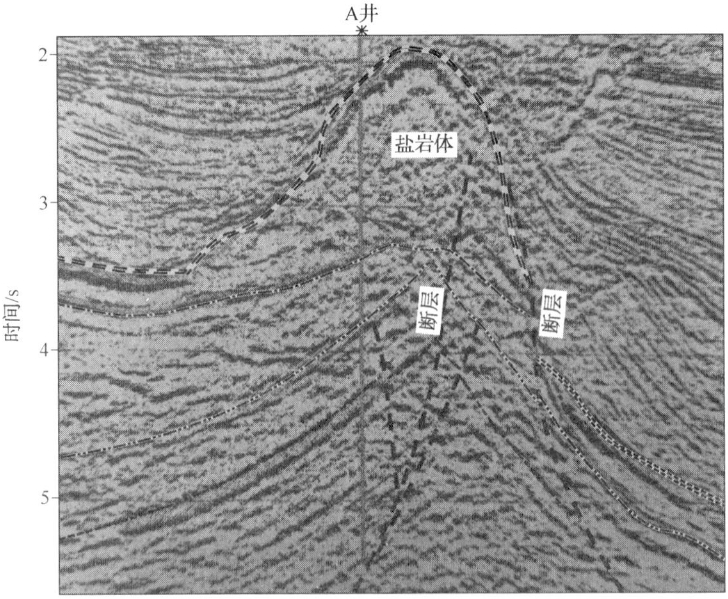

(a)叠后时间偏移

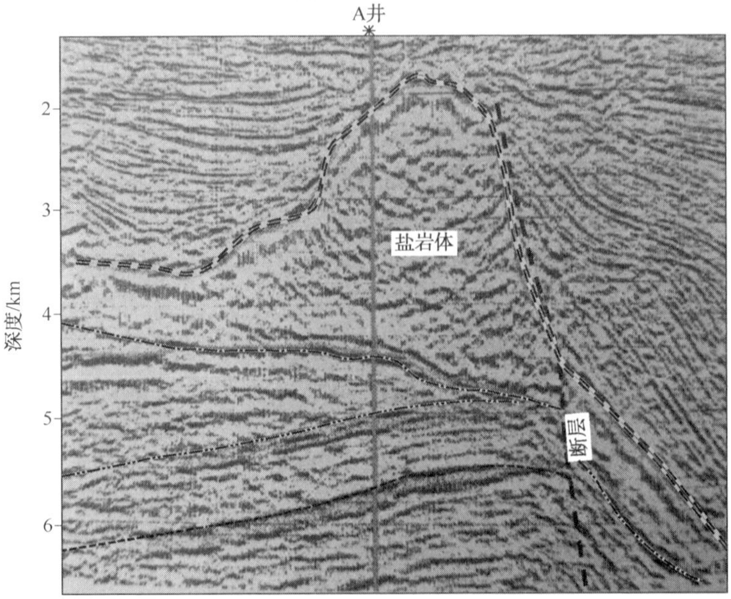

(b)叠前深度偏移

图 1-21 某勘探区内不同处理模式所得到地震剖面的不同构造解释成果对比示意图（据渥·伊尔马滋，2006 年，略有改动）

注：两图中的黑色粗虚线为解释的断层位置，黑色双虚线为解释的盐岩体的边界，黑色点划线、黑色细虚线为解释的不同层位数据，可见盐岩体对下伏地层的正确成像影响很大，经过叠前深度偏移处理后，显示 A 井钻至盐下宽缓背斜构造的斜坡区域(两点划线所显示的构造)，而未钻至高点区域上。

常规地震数据采集主要是在地表面进行激发及接收，这样导致相关的地震入射线及出射线的总路径增长及对反射波归位难度增大(如高陡构造区及断层复杂区域)，另外，所激发的地震波在地层中长程传播，可以导致地震波能量及频率的衰减、地震子波的波形发生变化，从而导致所采集地震资料的分辨率及信噪比降低。为此，地球物理勘探技术人员开发了相关井中地震技术(VSP)，解决了一部分常规地震问题，如设定检波器在井中接收及在地表实施激发后，其地震波的入射线及出射线的总路径比常规地面采集的路径相对短一些，其地震波的能量及频率的衰减也小很多，从而使经过处理后的井中地震剖面的分辨率相对高于常规地震剖面的分辨率。这样的地震采集差异性，也会导致地震资料解释的可靠性及精度不一样。一般情况下，井中地震资料(或者将 VSP 资料与常规地震资料叠合解释)的解释精度高于地震资料的解释精度。

1.3.3 地震剖面的认识

在地震资料解释中，解释工作者必须对要解释的地震剖面有初级的印象，这个印象为后续地震资料解释模型的建立提供很重要的条件。所以，在地震剖面解释中，必须对地震剖面中的各种波组及地质现象等有相对直观的概念及认识(图 1-22)，这样就能相对容易地让解释工作者对解释的难度进行分析，从而建立地质模式，或者在以前认识的基础上再次进行解释(图 1-23)。另外，对于复杂构造区块，则地震资料的解释难度相对增加，并且也会费时、费力；而对于构造相对简单的区块，则相对容易实施解释，并且解释过程相对轻松，解释结果的可靠性也较高等。所以，解释工作者必须从大局观入手，再达到精细的地震资料解释目的。

对塔中某勘探区的一条关于下寒武统的地震剖面认识，可见到相关的断层及层位、地质异常体等的解释及识别成果(图 1-24)。从图 1-24 可以看到，断层(黑色虚线)往往呈高陡直立状，推测其为走滑型断层，并且其大部分断层与下部的岩浆岩体(双虚线所圈定的位置)直接连接，也可能成为岩浆岩体向上部地层侵入的通道。原地震剖面中所解释的层位分别为$\in_1$、$\in_{1w}$、$\in_2$、$\in_3$ 四个主要层位(图中白色及灰色虚线位置)，并且在$\in_1$、$\in_{1w}$层位之间解释了至少八个小层，以利于对该层段的沉积相进行分析及识别，如小层的上超、顶超及尖灭等。另外，岩浆岩体的地震反射呈杂乱状，与其他正常地层的沉积反射是有区别的。从地震剖面的左边进行分析，⑤号区域内，为一个“洼中隆”的模式，但其背斜上的断层相对发育，并且可能向上通至奥陶系顶部的岩溶储层，并且具有一定的油气勘探潜力；对于①号、②号区域，明显为一条逆断层所形成的局部高部位，推测可能存在礁滩相异常体，②号箭头所指示的“亮点型”地震反射，应该具有较好的油气勘探潜力；对于③号异常体(灰色点划线所圈定区域)，其与下部两条大型逆断层具有较大的关系，并且其异常体内部反射杂乱，与两侧反射差异明显，具有“隆起”状特征，发育于ϵ_2、ϵ_3之间的层段，推测具有一定的油气勘探潜力；对于④号区域，与③号区域具有类似性，为整个剖面中相对高部位，内部的断层也相对发育，也可能具有一定的油气勘探潜力。另外，②号、③号之间的区域，也值得对其进行关注——ϵ_1层附近具有“亮点”反射特征。

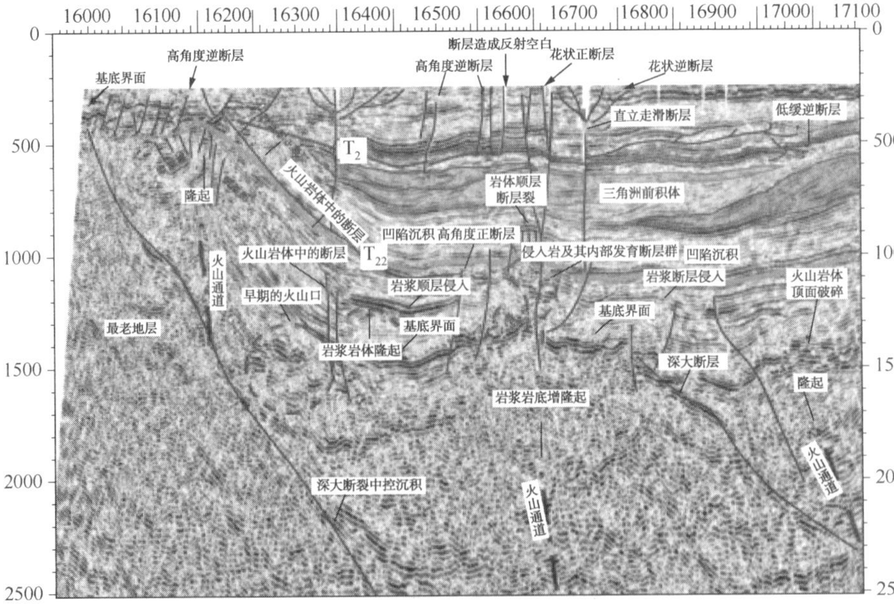

图 1-22(a) 海拉尔盆地某勘探区 E 测线地震剖面各种地震特征及所解释的地质现象示意图(据陈均亮修改，2011 年)

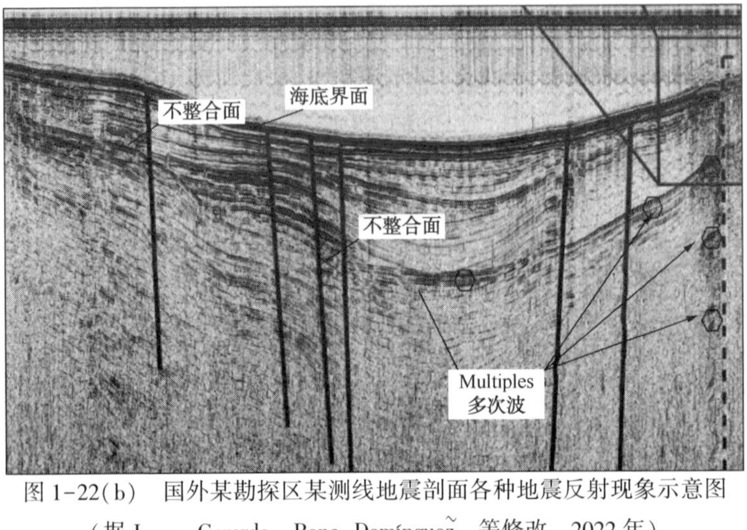

图 1-22(b) 国外某勘探区某测线地震剖面各种地震反射现象示意图

(据 Juan，Gerardo，Pena-Domínguez̃，等修改，2022 年)

注：图中六边形的反射层为多次波，不是真正的地层界面所致，另外，注意海底界面及不整合面的反射特征及可能的三角洲砂体的反射特征、波组结构。

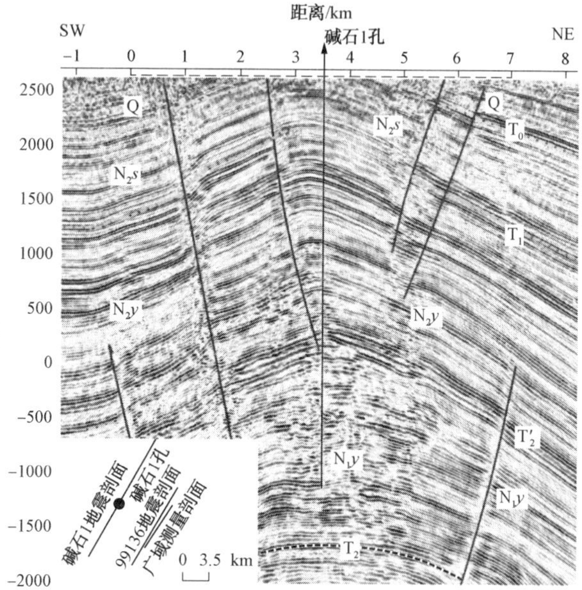

(a)原解释

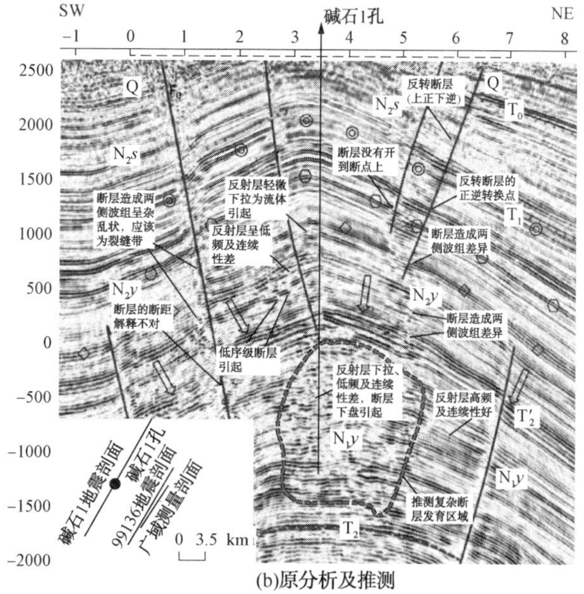

(b)原分析及推测

图 1-23　柴达木某勘探区过碱石 1 孔测线地震剖面不同断层体系解释示意图
（据孟军海等修改，2022 年）

注：从图(b)的分析成果来看，图(a)中原地震资料解释存在层位及断层的解释存疑的情况，特别是 F_0 断层的解释及其两侧反射层的对比问题，空心箭头所指示位置及不同外形的图形(与同一层位对应，不同外形图形对应于不同层位)，预测该断层上下的断距不一样，应该由两条断层导致(上下组合成一条断层形态)，图(c)的断层解释成果相对完善了该地震剖面上的断层解释工作。

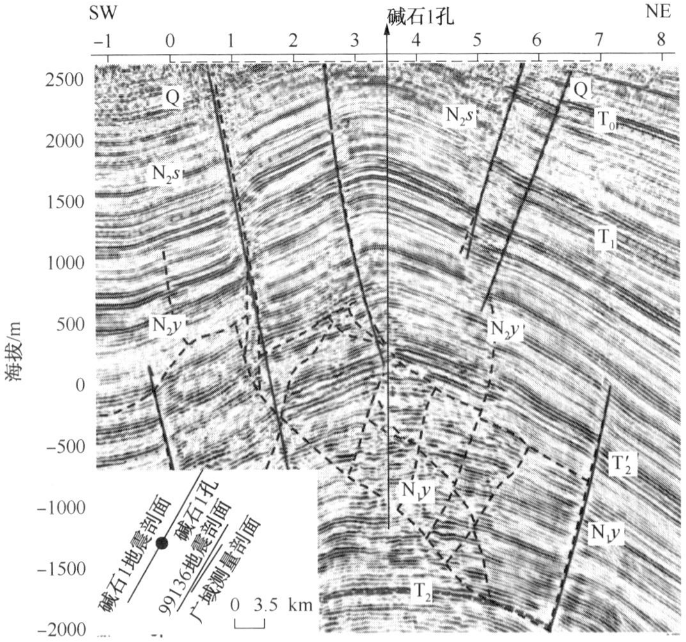

(c)本次解释成果

图 1-23 柴达木某勘探区过碱石 1 孔测线地震剖面不同断层体系解释示意图（据孟军海等修改，2022 年）（续）

注：从图(b)的分析成果来看，图(a)中原地震资料解释存在层位及断层的解释存疑的情况，特别是 F_0 断层的解释及其两侧反射层的对比问题，空心箭头所指示位置及不同外形的图形(与同一层位对应，不同外形图形对应于不同层位)，预测该断层上下的断距不一样，应该为两条断层所致(上下组合成一条断层形态)，图(c)的断层解释成果相对完善了该地震剖面上的断层解释工作。

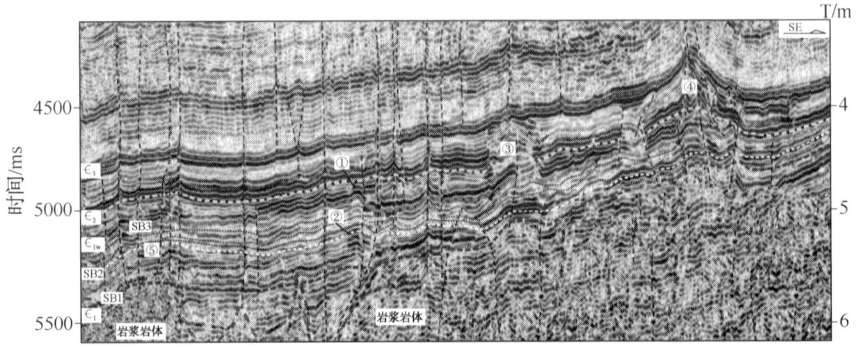

图 1-24 塔中某勘探区关于下寒武统地震资料解释示意图(据彭坤等修改，2022 年)

另外，在地震资料解释中，也必须注意一些地质异常体所引起的下伏地层的构造异常。如在某个勘探区内，由于盐丘内的岩盐速度高于其周围地层的平均速度，因此导致其下部地层出现“假隆起”的虚假构造现象(图 1-25，黑色箭头所指示位置)。如果碰到这些地质异常体，可以考虑使用叠前深度偏移成果(或将其转换进时间域)进行地震资料解释，这样可以消除层速度异常所产生的虚假构造。

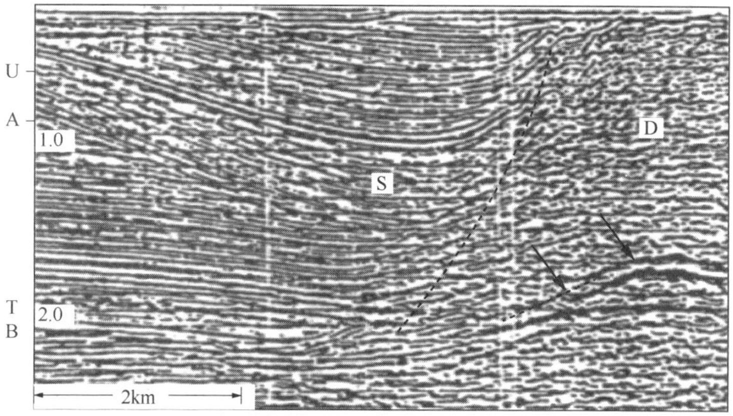

图 1-25　某勘探区由于盐丘(D)而引起其下部地层出现“假隆起”示意图(据孙家振等修改，2002 年)

注：D 区域为盐丘体(黑色点划线为盐岩体边界)，黑色箭头所指示位置为下伏地层所产生的背斜构造(黑色虚线为某层顶界面)，分析认为由盐丘体速度异常引起；S 区域为正常的地层沉积，可见靠近盐丘体附近出现地层向上牵引现象，推测由盐岩体底辟所致。

2 层位解释技术

地震资料解释的目的是利用经过地震资料处理后所得到的各种数据体(或属性数据体)，根据地震反射波的特征和地质规律、测井资料及地质认识等，对相关数据体所提取的剖面或平面上的切片等进行解释及研究，从而将所得到的解释成果转化为构造及地层岩性、沉积相等信息，把抽象难懂的地震数据转化到相对直观的地质剖面或信息，有利于勘探者研究地质构造发展史、盆地演化史及沉积史、油气运移聚集等，并针对目的层段在有利的构造部位及综合目的层相关沉积相分析成果、含气性预测及评价、孔隙度预测等布设勘探井位；通过地震勘探提供的时间剖面和其他物探资料(重力、磁法)，以及钻井地质资料，结合盆地构造地质学的基本规律，包括区域的、局部的各种构造地质模型，解决盆地内有关构造地质方面的问题。另外，解释工作者个人积累的经验在地震资料解释中也占据着相当重要的地位。

地震资料的构造解释主要是针对地震数据体中的波组及标志层，并结合相关的地质认识、解释经验对所提取的地震剖面中的层位及断层实施解释。地震资料解释依赖于地震剖面、水平切片(一般较为少用)以及井上资料和个人解释经验，这是因为这些与地震数据相关的剖面或切片中的地震反射波蕴藏着极其丰富的地质信息，并且可以将其解释。其中，地震剖面是由多道反射记录组成的，每一道反射记录都包含地震反射信息及坐标。

地震资料解释的基本假设是地震反射波(显示在地震剖面上的)与地质界面之间存在对应关系。地质工作者们用很多方法定义(如井震合成记录及 VSP 数据等对地震反射层进行标定)地层层位，多用时代界面，如某地震反射层对应于某一个地质界面的底部(或顶部)。一般来说，地质界面一般定义为某一个时代(比如说奥陶系组顶)形成的沉积层的顶面，也可以用地层时代或地层顺序命名。地震反射层位通过井震标定或其他方法与地质界面发生联系，从而对相关的感兴趣的地层界面进行解释及成图。一般来说，地层时代的命名是考虑同时代沉积的地质证据，通过某个首先定义时代的典型地名向外扩展而决定的。

2.1 层位解释技术的特点

在针对层位解释工作中，其地震资料解释工作有两个重要阶段，即地震反射的连续性评价及对比。其中，地震反射连续性是在观察地震剖面时得到的关于目的层的一个特征，根据地震波的脉冲形状可以在连续的地震道上识别出地震反射波至或波形的某个稳定的特征(如波峰、波谷及零相位)。一般来说，在到达时间上各道之间可能存在较小的差异，或者其波形具有一定的差异性，但均在允许的范围之内。当这些重复的脉冲形成同相轴，并且这个同相轴具有连续性，即可以追踪，描述为地震资料中的层位解释打下基础。如连续的一长段地震反射代表一个“据点”，可以向两边进行追踪，或者在三维数据体的任意方向上进行追踪。另外，地震波对比是纯粹的波组对比，或者是一个关于目的层位的组合波组对比，具有一定范围的时间厚度。另外，波组可能是单个的脉冲，可以按其长度、振幅或波形加以区别，通常多数波组是由一系列的反射所组成。除了单个反射特征外，单波之间以及波列之间的距离(时间域)对确定波组也有影响。波组对比主要是把一个“据点”(可靠区段)与另一个“据点”联系起来，如果“据点”之间的连接不可靠，则可以用虚线或者其他颜色线标识可疑区域。一般情况下，地震反射的连续性可能会由于地震资料不好，不能连续追踪而中断；或者由于断层反射、绕射波的干涉而使其中断；另外，也可能由于地震采集观测系统的问题而致使地震反射出现“缺口”(空白区域)引起中断。总而言之，无论什么原因造成的中断，都可以通过对地质模型的认识、地震资料解释经验等再次实施对比而沟通。对比可以对连续性的追踪进行不断的检查，如果已经对比出一组地层的连续性，那么应将始点和末端进行对比或建立测线的闭合环路进行检查。

2.1.1 地震波识别及对比

地震剖面中的波形对比，就是在地震反射时间剖面上，根据反射波的运动学及动力学的特征识别和追踪同一个反射界面的反射波的过程。一般情况下，主要包含两个方面的工作：①在某条地震剖面上根据相邻接收点反射波的某些特点识别、对比同一个地层界面的反射波，一般叫作波的对比；②在相邻多条地震剖面上追踪同一个界面的反射波，称为时间剖面的对比。在实际的地震资料解释工作中，可以将两者结合进行层位解释，确定相关的层位数据(x、y、t)。

在反射波法的地震勘探中，地震资料中的波形往往代表地下的反射界面的信息，或一些界面反射信息的组合。一般情况下，地震反射发生在界面，这些界面可能是断层面、层理面及侵入接触面或者其他任何两种不同类型岩层间的分界面或者是多个界面(如多个薄互层)的集合显示。当这些界面足够大、厚度具有一定规模(通常大于地震反射波长的四分之一)时，在界面的两边岩层的波阻抗具有差异性，从而发生地震反射现象。当然，要注意其与油气水界面之间的反射的区别，一般是特殊的反射(如“亮点”“平点”“暗点”等特殊反射模式)。在地下的地质界面反射的过程中，相邻地震道的反射波形总体上具有相似性。地质层位中如果存在岩性突变，会造成该区域的反射波形产生异变而与相邻的道反射不同。此外，当地震剖面中存在断层反射时，可能也会造成反射波突变。在地震资料解释过程中，存在标准层和目的层的解释，两者的目的性可能各有差异。其中，标准层是指具有较强振幅和较稳定波形的反射波(组)，也称为标准层或特征层(如大规模湖相地层沉积或海相地层沉积)，这些标准层往往在工区内皆可追踪对比，易于对其进行解释。一般情况下，标准层是指主要的地层或岩性分界面，且与生油层或储集层具有一定的关系或本身就是生储油层。反射标准层特征明显，有利于借此研究地震剖面的结构及构造；而目的层往往是指油气储集层，既可以是反射连续性较好的，也可以是反射连续性较差的。

地震资料解释中，主要以标准层或目的层为中心的波组或波系在时间域地震剖面上进行对比解释，并对标准层或目的层位进行追踪，从而得到相关的层位数据。此外，由于地震资料解释中主要是针对沉积盆地，其沉积的地层厚度往往是相等或渐变的(在勘探区内)，因此可以用地层沉积厚度的特征识别层厚，也可以达到层位解释的目的。一般情况下，沉积地层的层段内部包含一些特殊的反射波组，可以利用这些波组的组合特征、地层沉积特征及其他方向的闭合点等实施目的层位的特征及沉积相的识别(图 2-1、图 2-2)。另外，所设定目的层的地震反射特征一般也是强的波峰或波谷反射、零相位，以便于解释工作者追踪解释(图 2-3)。但是要注意其反射波强度(能量)沿测线的变化情况，并结合断层(断层对其他明显波组的错断情况等综合分析)解释成果识别及对其实施不间断跟踪、解释。另外，目的层也可与其上或下的波组构成目的层位的波组或波系，结合这些波组或波系与目的层反射层的特征(一般是指垂向上的距离关系)也可以实施追踪解释(图 2-4～图 2-6)。如在四川盆地东部焦石坝地区的龙马溪—五峰组底界面的层位解释中，根据目的层底的强反射及其上的两个强反射组构成的波组识别及解释出页岩层底，并在实际钻井验证中得到检验、证实。当然，反射波的间隔(某一沉积厚度造成)在短距离的情况下可能保持不变；在长距离的情况下，因地层厚度的变化、地震速度的变化、不整合以及其他特性都可能会使反射波间隔发生变化，所以在实际的地震资料解释过程中，要具体问题具体分析。

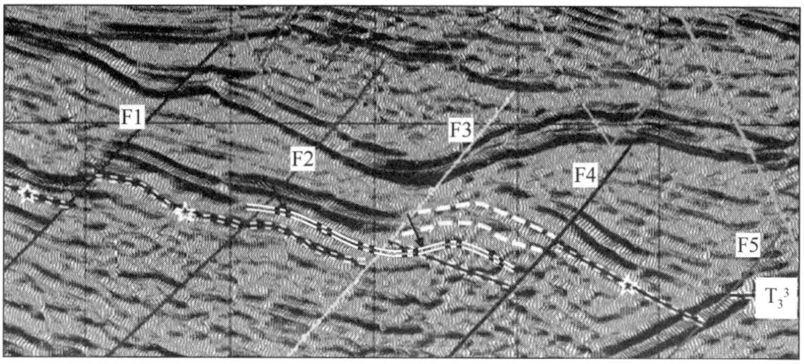

图 2-1　我国东部某勘探区某地震剖面层位(T_3^3)进行解释成果示意图

(据李东亮，2017 年，略有改动)

注：从 T_3^3 层位的识别及追踪情况来看，根据带五星号的原层位反射(白色短双虚线)特征分析，应该追踪的是双强波峰反射下的一个较弱的波峰反射，可见在原层位解释中(白色短双虚线)，正断层 F_2 至 F_3 之间及正断层 F_3 至 F_4 之间的 T_3^3 层位解释，存在不能正确识别及追踪的问题，正确的层位应该在黑色箭头所指示的位置，白色的点划长双虚线，与原解释的短双虚线存在较大的差异，究其原因，应该在断层 F_3(正断层)至 F_4(正断层)之间双强反射变弱，使其难以识别(图中所解释的白色虚线位置，一条白色虚线对应一个强反射波峰)，从而造成卡层识别层位失败。

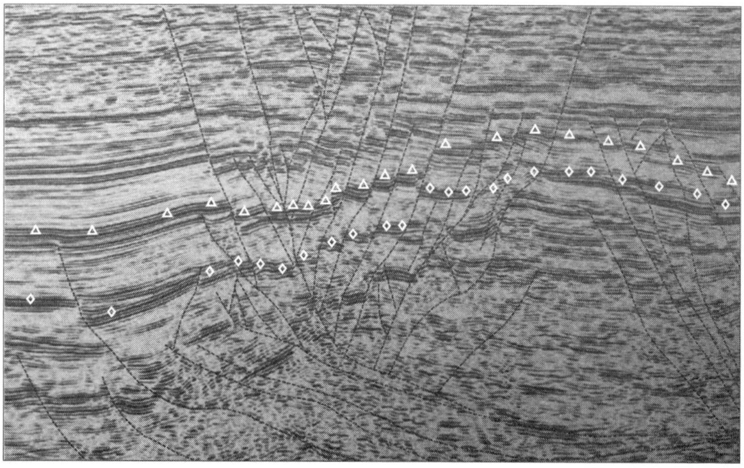

图 2-2(a)　利用卡层厚、目标层的波组特征及断层成果等实施层位解释成果示意图

(据周锦明等，2003 年，略有改动)

注：三角形及菱形位置分别指示某一层位识别及追踪结果，黑色虚线为解释的正断层位置，可见该勘探区内的断层系统相对复杂，相关的正断层对层位均进行了错断，但断层两侧的地层反射特征使相关的目的层层位能够进行追踪解释，如对于菱形图形的层位，局部地方由于断层之间太靠近而造成地层破碎、反射波干扰等，对其识别困难(只能用卡厚度法来解释)，总的来看，三角形与菱形之间的层断整体上表现为右薄左厚的沉积特征，该厚度变化在层位解释中要加以注意。

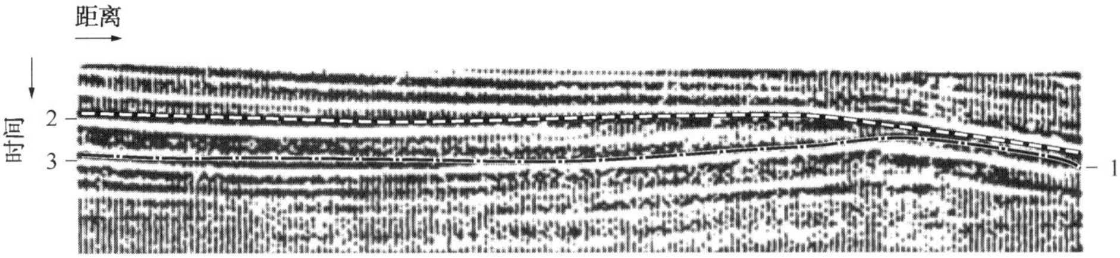

图 2-2(b)　解释工作者主要利用沉积特征及波组特征等实施层位解释成果示意图

（据孙家振等，2002 年，略有改动）

注：3 号位置的层位按黑色点线位置进行该层位解释后，与 1 号位置是吻合的，2 号位置的层位在白色虚线位置进行解释后，是 1 号位置上部的一个地层，可见该区的地层沉积厚度在 1 号位置是减薄的，即地层相关界面是从 1 号位置向 2、3 号位置发散的。

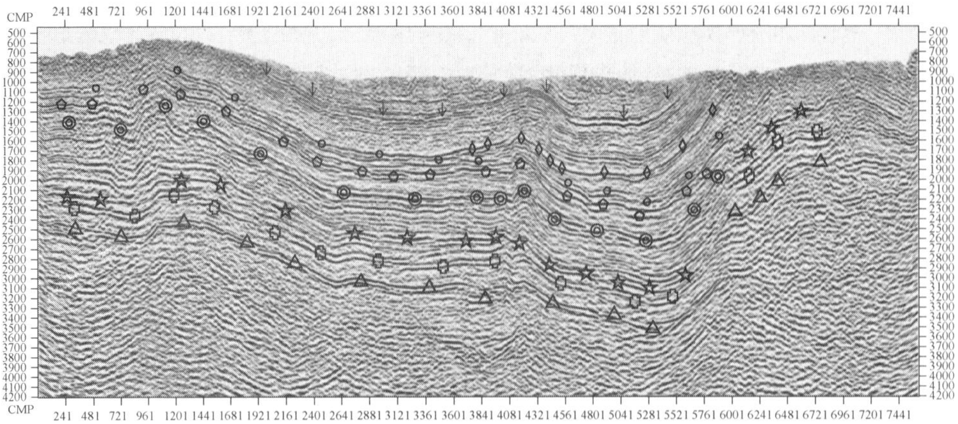

图 2-2(c)　某勘探区内某测线上利用沉积特征及波组特征等实施层位解释结果示意图

（据吴爱国等，2020 年，略有改动）

注：空心圆、三角形及菱形位置分别指示某一层位识别及追踪结果，另外，可见基底顶界面的反射波组为双强，连续性较好，断裂构造造成地层增厚现象也可以见到，层与层之间的厚度出现变化主要是沉积环境所造成，在层位解释中，要把握住相关界面的反射特征及其与上下波组的结构，稳定追踪及识别出相关的反射界面，也要注意层厚是否存在一定的渐变关系。

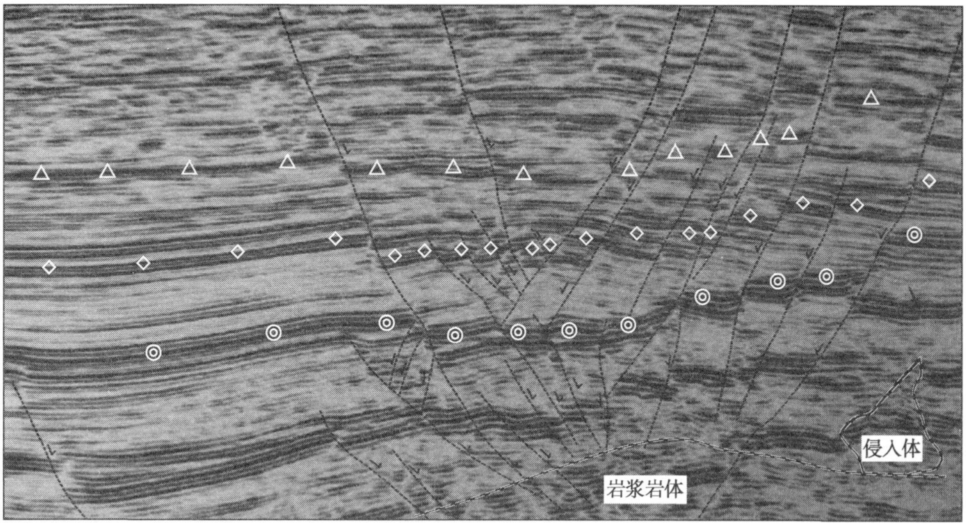

图 2-3　所设定研究区目的层的追踪及解释一般采用强波峰，并要求连续性好且稳定（据周锦明等，2003 年，略有改动）

注：空心圆、三角形及菱形位置分别指示某一层位识别及追踪结果，其反射强度有一定差异性，但总体上来看，空心圆的层位反射强度最强，易于识别及解释，但注意不要追错位置——如黑色箭头所指示的波组位置（可以用断层对其进行判断）与同层的地震反射波组有一定的相似性，菱形反射层次之，三角形层位则反射能量较弱、连续性较一般，空间上反射能量变化较大，最难以识别及解释。黑色虚线为本次解释的断层位置，可见该勘探区内的断层系统相对复杂，灰色长虚线所圈定的区域为预测的火成岩体或泥岩体的界面，黑色短虚线位置为解释的断层所在的位置。

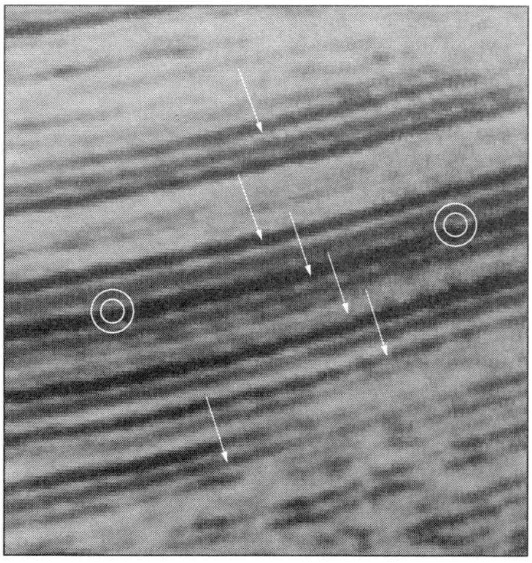

图 2-4　利用相关的波组或波系（箭头所指示的反射同相轴与空心圆位置关系等）实施对空心圆处的层位实施追踪及解释（据周锦明等，2003 年，略有改动）

注：利用波组和波系的组合关系进行目的层的反射波对比，可以达到相对准确识别及追踪的目的，在地震资料解释中，要注意空心圆图形层位与各个箭头的波组的关系及两者之间的距离参数等。

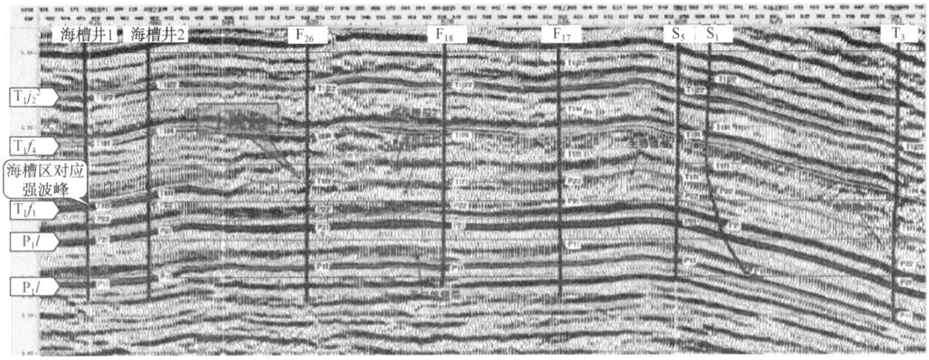

图 2-5　四川盆地川东北某勘探区某地震剖面层位解释成果示意图（据龚思宇修改，2019 年）

注：注意 P2l 层位的波组关系，目的层追踪的是双强波峰的下波峰位置，该波峰相对稳定，T_1f_1 层位在该剖面上的追踪相对困难（注意是长兴组内的生物礁隆起造成解释困难），左侧相对优于右侧（不同的沉积相所致），T_1f_4 层位为一个稳定强波峰下的弱波峰位置，全剖面能连续追踪，另外，$T_1j_2^2$ 层位（追踪波峰位置）及 P_1l 层位（追踪波峰位置）之间可以根据其波组关系及相对距离进行解释，也较为容易。

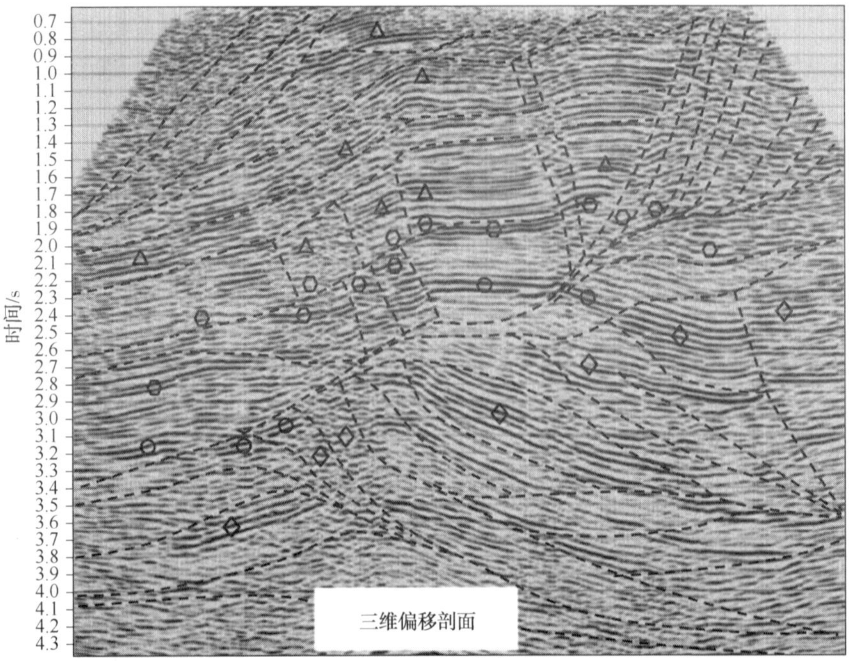

图 2-6　四川盆地龙门山附近某条地震剖面地震资料解释成果示意图（据李青等修改，2012 年）

注：不同的形状对应于不同的层位识别结果，由于研究区域内的逆断层密集发育而造成对目标层的识别困难，使得层位解释成果的可靠性相对降低了或解释结果的可疑性增强了。

2.1.2 地震波对比的方法

在大量的地震资料解释实践中，总结了相关的波组的对比概念和基本要领。总而言之，利用反射波的一些特征识别和追踪同一反射界面反射波的工作称为波的对比。其对比原则来自地下同一反射界面或薄层组的反射波在相邻地震道上表现出相似的特点；波的识别标志是其强振幅、同相性、波形相似及时差变化规律。在地震资料解释过程中，对地震反射界面(目的层)的追踪对比方法，总结出以下的几种。

1. 单一同相轴的基本对比方法

反射波同相轴具有线状延伸特征，相邻记录道的同一个同相轴应为一连续的曲线，相邻界面的同相轴应大体平行；相邻记录道的同一个界面反射波同相轴的波形特征相似(即振幅、周期、相位数等相似)，且在空间上是逐渐变化的。比如用纸质剖面实施地震资料的层位解释时，可以用彩色铅笔画线。在反射连续性可以识别及解释可靠的地方，可以画上层位；当遇到反射连续性不好造成解释存疑的地方可先不画层位(留下空白)或画出虚线，以示可疑；当利用对比标志(如卡层厚、对比相邻测线目的层埋深及闭合情况等方法)识别出同一个层位界面时，再继续画层位(追踪层位)。此外，地震资料解释工作者要有一定的艺术基础，使画出来的层位及断层线条圆滑、漂亮。另外，在对层位解释的过程中，尽量不要串轴(串相位或波形)，断层解释的位置应该准确可靠、不随意及不串别的断层的断点。

2. 根据波组或波系进行地震反射界面对比

一般情况下，波组是相邻若干界面形成的多个强反射同相轴的组合，波组之间是一些振幅比较弱的同相轴，多个波组组成一个波系。不同波组的相位数多少、振幅强弱、波的疏密程度往往不同，而不同波系所包含的波组个数、各波组间的间隔关系等往往不一样。如对某海相页岩气高产区的五峰—龙马溪组底的解释，就是追踪强反射波组中的第三个强相位(从上到下)，并参考该特征对全区的五峰—龙马溪组底界面进行追踪解释。

3. 根据振幅包络线进行对比

角度不整合面上下相接触的地层层位横向上变化很大，从而使界面反射系数及极性发生很大变化，这使得角度不整合面的反射波特征很不稳定。当进行同相轴对比时，往往很困难。这时应当根据地震反射波的包络线进行对比，即对比界面可以穿相位解释。在对比基底界面时，根据反射波的包络线进行对比是更常用的方法。因为基底反射波在埋深较大的情况下，振幅一般较弱，对比时要注意沉积岩盖层与基底在宏观反射特征上的差别。

4. 通过剖面闭合与否检查地震反射界面对比情况

在三维地震资料解释中，如果单条剖面的对比完成后，需要与正交剖面进行闭合检查，若在一个环形闭合圈中同相轴不能闭合，则说明对比解释可能有误。因此，当出现反射波组不闭合的情况时，必须先检查和消除人为因素，再分析其他原因，尽量减小闭合差。在二维地震资料解释中，由于测线与测线的交会点存在闭合差，这时层位解释的闭合差应该控制在标准范围之内（一般为10ms）。从大量的地震勘探实践中发现，二维测线的闭合差主要是由下列几个因素引起。

（1）两个测线方向上的叠加速度的差异。这是由于褶皱的走向与其中一个测线方向相同，而另一条测线则与褶皱走向呈一定角度相交。这样就造成在地震资料处理中使用了不同的叠加速度，从而导致关于相关层位不同的反射时间。

（2）测量误差。在茂密的丛林中可能看不到标志或参考点，当从其他控制点进行长距离测量时，会造成误差累计，从而形成交点闭合差。

（3）在地震资料解释中，所解释的层位出现“串层”的现象。所谓“串层”，是指在层位解释中，由于解释错误或断层所引起的层位错动，造成对相邻的相位发生错动，导致对层位追踪时，追到另外的相位上。

（4）原始资料有问题，造成闭合差出现。如测线的桩号不对，相关测线的交点桩号不准确。

（5）各测线施工时间不一样，地震采集及处理的因素（或参数）不一样，导致目的层的地震反射波组不闭合。

2.2 层位解释技术的几个关键点

在地震资料解释中，须按相关设定的解释技术流程进行。在解释技术流程中，存在一些关键点，如地震剖面质量评价、层位标定及目的层确定、解释网格参数设定等。如对输入解释的地震数据体进行质量评价，确定其是否适用于解释。另外，地震剖面的质量也会影响地震资料解释的质量。一般情况下，高质量的地震剖面（如Ⅰ级剖面）解释成果相对可靠；低质量（低信噪比，如Ⅲ级剖面）的地震剖面，解释成果相对不可靠，甚至于不能用于后续的储层预测及评价。

2.2.1 层位标定

地震层位标定是指利用测井、钻井资料所揭示的地质含义（岩性、层厚、流体性质等）和地震属性（振幅、波形、频谱、速度等）之间的对比关系，判别或预测远离或缺少井控制区域内地震反射信息的地质含义。因此，地震层位标定是一项精细而又重要的工作，需要完成测井曲线的环境校正、地震资料极性和相位角判定、子波求取与选用、时间位置与深度位置认定等。要求一般精度时，声波合成记录与井旁地震道的同相轴对应；要求较高精度时，二者的能量强弱关系亦对应；要求高精度的标定时，则要用叠前道集标定。其中，层位标定是把对比解释的反射波同相轴赋予具体而明确的地质意义，如地层、岩相、岩性、流体性质等，并把这些已知的地质含义向地震剖面或三维数据体延伸的过程；另外，一个研究区内的解释层位可以有几个或多个，由其相关的油气储层预测及评价所决定。原则上要求所解释的层位具有较强的反射振幅、同相轴的连续性好，可以在研究区内追踪。实际上，地震剖面上的一个反射波组并不是来自一个岩层界面的一个反射波，而是来自靠得很近的界面的许多地震反射子波的叠加。因此，地震剖面上一个反射波组并不严格地对应一个地层分界面。地震剖面上的波组与地下岩层分界面之间既有联系又有差别，在实际操作中要加以注意。

如某一解释实例，其根据研究区内现有的钻井地质分层数据及 VSP 测井、声波测井资料，结合以往对该区地层研究的认识，通过合成地震记录和 VSP 测井速度，实现对地震反射波组的地震地质层位标定(图 2-7、图 2-8)。

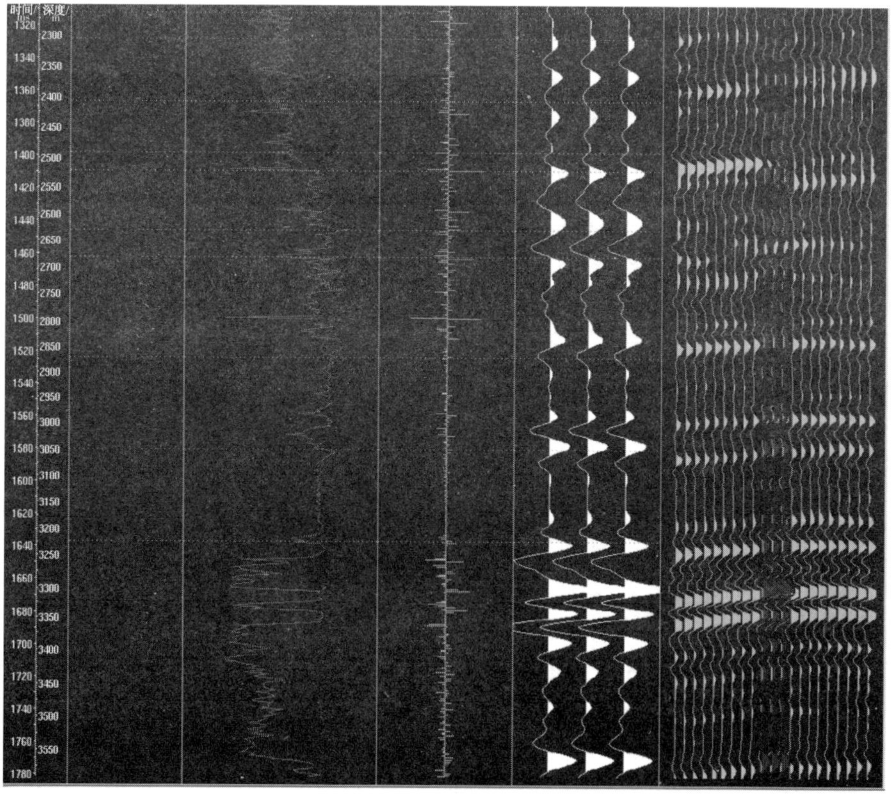

图 2-7　利用兰德马克软件对某井实施井震合成记录标定示意图

此外，对于没有钻井控制的部位，或钻井没揭示的层位，则根据区域地质特征、构造运动特点及地震反射特征，包括地层厚度、接触关系等，结合连井(其他有标定的井)剖面对比确定研究区内目的层位的位置。

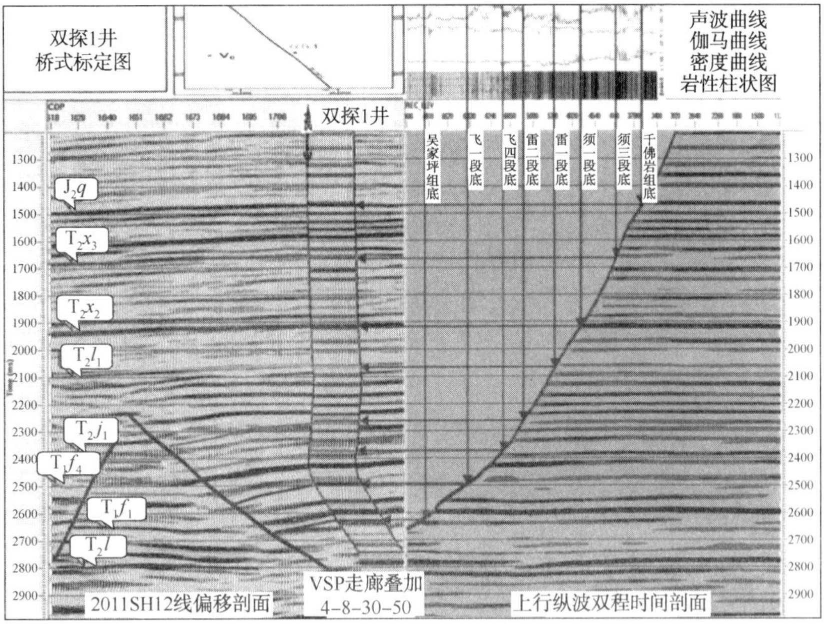

图 2-8 利用 VSP 数据对某井及过井地震剖面实施目的层反射波组标定(据李艳修改, 2018 年)

注:吴家坪组底界面(Tp_2l)为一个反射强度变化较大的界面,是在一个强反射界面下的第一个波峰位置。

另外,地震反射界面的命名在一个勘探研究区内应该是统一的。由于某些原因,地震解释人员有时把某一个反射界面视为某个地层的底面。如在川东北的地震资料解释工作中,层位名(T_1j_1)就是指嘉陵江组底的界面反射。统一命名的好处是让解释工作者都能一目了然,并能很快理解地震层位解释的地质意义。

总而言之,地震反射层位标定是对地震剖面中某一个反射轴进行地质意义上的确定。它可以是主要的地层或岩性分界面,或与生油层或储集层有一定的关系,或者其本身就是生油层或储层的顶、底界面。因此,如果不能对地震反射层位进行确定,就不能理解其地质认识,可能造成地震剖面解释的多解性或无效性,地震资料解释毕竟是为储层预测及评价服务的。因此,必须做好相关地震层位的标定工作,才能进行地震反射层位的正确解释,使后续的工作更有意义。

2.2.2 解释网格参数

解释网格参数的建立,对地震资料的层位解释是相当重要的。一般情形下,首先,进行大测网格(或粗网格)的地震资料解释,并对相关层位解释成果进行闭合,再使用小网格(或细网格)的方法对层位或断层数据进行加密解释。总的来说,基干测线(或称为连井剖面)对比分析后,应该对整个解释工区的地震数据按设定的解释大网格进行快速浏览，粗略确定解释的目的层及断层，并建立基本的解释模型。在解释工作中，应在井上确定标准解释层位(反射连续性好)，研究并追踪大套构造层。其次，对区域解释网格测线上的层位进行对比，实现地质构造层位和各个解释层位的全区对比；对于复杂剖面的解释，要针对重点地区的复杂剖面段(如断层、挠曲、尖灭、不整合、岩性变化等)以及特殊地质现象(如平点、亮点)作出分析判断，可以针对其再次加密网格进行解释。如某研究区块由于是海相沉积地层(五峰—龙马溪组底部反射)，地震反射波组在横向上相对稳定，特别是其泥质沉积相对稳定，其强波峰可连续追踪。所以，在进一步确认反射波组标定的可靠性以后，首先通过连井剖面和环形剖面进行反射波组识别及对比追踪，建立全区的连井骨干剖面框架。在此基础上，先设定相关的解释网格，按照从粗到细、由易到难、循序渐进、逐步深入的原则，对整个三维地震数据体开展对比及解释。如首先按解释网格为20线×20道的密度进行对比解释，初步掌握全区的基本构造形态特征以及解释的断层、层位相对闭合和合理后，再将对比解释的网格密度提高到10线×10道。然后，针对各个局部构造落实的需要，可逐步加密到5线×5道、2线×2道，甚至可达到1线×1道(如对塔河油田奥陶系顶的解释工作)。

在实际的地震解释过程中，要注意目的层的波组对比，确定好解释层位，并根据解释的层位及平面图上的层位埋深情况进行解释，也可以根据这些成果判断解释的可靠性。一般情况下，可以设定的解释网格参数为40线×40道，第一次加密到20线×20道，第二次加密到10线×10道，并完成层位闭合检查后，便基本上完成了层位解释工作。

2.2.3 骨干剖面解释

在地震资料解释中，必须建立骨干剖面，这是展开地震资料解释的第一步。对井上的层位标定后，将其引入地震数据体，并建立连井测线实施该测线上的地震资料的精细解释工作。在实际操作中，可以对相关的井进行组合，建立多条连井测线，要求这些连井测线尽量覆盖研究区。总而言之，骨干剖面解释属于层位解释的重要组成步骤，直接关系到层位解释结果的精准度，如果地层中的骨干剖面呈理想化的特征，则需要对各个剖面的“种子点”位置分别进行解释，并根据这些“种子点”对目标层位置处的同向轴进行识别，同向轴的识别可以为层位解释奠定基础。但是在实际层位解释的过程中，也容易出现“种子点”不可靠的问题。

另外，如果勘探区域内标准井的分布相对较密集，对于骨干剖面而言，无法对整个勘探区域进行覆盖，如果将骨架剖面逐渐向两侧延伸，延伸出来的部分将会出现相变以及断错问题，此时得到的“种子点”信息也不可靠。最后，在进行层位解释的过程中，需要大量的标准井钻穿层位，如果钻穿层位的标准井数量相对较少，在使用标准井对骨干剖面进行解释的过程中，将无法对钻遇率相对较低的层位进行全面解释。通过对层位解释过程中的问题进行分析可以发现，主测线以及联络测线无法安全闭合是层位解释中的最大问题，究其原因在于剖面上的“种子点”数量不足，同时，受到了地层相变等因素的干扰，容易引发串轴跳点的问题，这就要求工作人员对跳点位置处进行反复的修改。

在开展连井测线解释的时候，必须先建立所要解释的层位名字及断层名字、相关层位及断层所对应的颜色。一般情况下，所要求设置的颜色能在地震剖面中相对容易识别，一个层位对应一种颜色，对于断层也是这样。另外，层位名字可以设定为“T_x”形式，字母“T”代表反射波，下标“x”代表具体的层位编号，也可以用数字或字母表示，或两者结合表示，让其他解释工作者一看就能基本上确定是哪一个地层的界面。对于断层，则可以设定为“F_x”形式，字母“F”代表断层，下标“x”代表具体的断层编号，可以用数字或字母表示，或两者结合表示。

2.2.4 层位解释原则

在地震资料解释中，必须实施先易后难的解释方法。在实际操作中，对相关的连井测线进行解释后，必须本着先易后难的解释方法进行解释。其具体的意思为，对于解释的目的层，先做容易解释的层位，并对其解释相对有把握(或可靠)的区域实施解释，再对解释难度大(或解释不可靠)的区域通过层位闭合性、带解释经验及地质模式、卡层厚等实施层位解释。如在某一个二维解释工区，可以先对主测线进行层位解释，再根据层位在其他辅助测线上的投影，对相关的辅助测线进行层位解释；根据相关辅助测线上的解释成果，再对所投影的另一条主测线进行解释，如此循环反复，从而完成相关的层位解释工作。一般情况下，所谓的主测线是指垂直于(或大角度相交)主体构造走向，具有较高的信噪比及反射波同相轴连续性好、断层相对清晰等的测线，最好能经过钻探井位。

总的来说，在地震资料解释中，必须要遵循先易后难的解释原则。如在地震资料解释中，可以先对比及解释浅层的层位，后解释中深层的层位，并利用浅层的层位解释成果对中深层的层位解释成果进行约束及指导性解释。

2.2.5 层位闭合分析

在完成相关的地震资料解释后，必须对相关的层位解释成果进行闭合分析。一般情况下，剖面上的反射波组的闭合性分析是一种质量监控手段，确认所解释的层位不存在“串层”或“串相位”的现象，保证所追踪的层位为同一个相位。在二维地震测线中，由于地震资料处理所造成的测线在相交处的反射波组存在闭合差，所以当相关的层位解释后，其层位的闭合性分析要考虑该闭合差。在实际操作中，先对连井上的层位闭合差进行分析，确定其闭合差在解释规范许可的范围内，再对相关的数据体进行抽取“Z”字测线及“回”字测线、“井”字测线等方式实施闭合差分析。如果相关的闭合差超出解释规范许可的范围，则必须对相关的测线进行关于目的层的重新解释，直到其层位解释成果的闭合差在解释规范许可的范围内，就完成了相关的地震资料中的层位解释工作。

2.3 层位解释实例

地震资料构造解释的核心是通过地震勘探提供的时间剖面和其他物探资料(如重力、电法、磁法等)，以及钻井地质资料，结合盆地构造地质学的基本规律，包括区域的、局部的各种构造地质模型，解决盆地内有关构造地质方面的问题。对于时间剖面的地质解释任务主要包括：①划分构造层；②确定反射层的地质属性，了解地层厚度的变化及接触关系；③对断层及地震异常体等作出相关地质方面的解释。

另外，地震资料解释的合理性，在很大程度上受解释工作者对区域构造情况了解程度的影响。因此，在地震解释工作中，应该首先收集与本区或邻区有关的地质和地球物理资料，收集、准备与解释、作图直接有关的资料，包括水平叠加剖面和叠加偏移时间剖面、测线坐标和相应的地质资料。此外，地震解释工作者要了解工区的区域地质背景，仔细研究与解释有关的地质和地球物理资料，做到对工区的地质背景、盆地类型和主要构造特点有一个基本的认识。

地震剖面解释是构造解释的基础，主要是在时间剖面上进行，剖面解释的主要任务是在时间剖面上确定断层、构造、不整合面和地质异常体等地质现象，这些主要以断层及层位数据体现。另外，剖面解释还可以将时间剖面转换成深度剖面，为局部构造和区域构造发展史研究提供基础性资料。解释过程中包括基干测线对比、全区测线对比、复杂剖面解释，并设定相关的解释网格，一般网格由粗逐渐向细过渡，断层与层位数据要在时间域上闭合，解释结果符合规范要求。

空间解释主要是指利用解释好的断层与层位数据，实施断层的平面组合、构造等值线的勾绘、等深度构造图和地层等厚度图的制作等。即把各条剖面上所确定的地质现象在平面上统一，这样才能较全面地反映地下构造的真实形态，也是构造解释的最终成果。

综合解释是在剖面解释和空间解释的基础上，结合地质、其他地球物理资料(反演或属性)进行综合分析对比，对含油气盆地的性质、沉积特征、构造展布规律、油气富集规律作出综合评价和有利区块的预测。

一般情况下，地震资料构造解释的具体步骤为：①确定反射标准层。主要依据地震剖面的反射特征，选择特别明显的反射同相轴，结合地质解释赋予其明确的地质意义。②反射波的对比。运用地震波在传播规律方面的知识，对地震剖面进行去粗取精、去伪存真、由表及里的分析，将不同剖面间真正属于地下同一地层的反射波识别出来。③建立构造解释模型。主要根据反射波在地震剖面上的特征，结合各种典型构造样式进行类比与分析，确定解释剖面上同相轴所反映的各种构造地质现象，以及其相关的地质响应与成因机理等。④构造平面图绘制。主要根据工区内地震剖面解释，作出反映某一地层起伏变化的构造图；并根据有关含油气方面地震地质信息，对其含油气性作出评价。

2.3.1 江汉盆地某勘探区

本次构造精细解释为了与后续的储层解释(包括井—震联合反演、地震属性分析及地震相分析等)匹配，经过三维地震数据连片处理后，选择最终偏移纯波数据体进行构造解释。精细构造解释工作大致可分成三大部分：地震地质层位标定及波组对比、断层解释及速度和成图方法研究。现分别详细描述如下。

2.3.1.1 层位标定方法

根据研究区内现有的钻井地质分层数据及 VSP 测井、声波测井资料，结合以往对该区的地层研究的认识，通过合成地震记录和 VSP 测井速度，实现对地震反射波组的地震地质层位标定。

(1) VSP 标定：研究区内现有 15 口钻井，但只有 5 口钻井实施了 VSP 测井。首先对这 5 口钻井的地震反射波组进行标定，然后通过连井剖面解释对比，检查各井标定的一致性及反射波组与地层界面之间的对应关系(图 2-9~图 2-11)。

(2) 合成记录标定：对没有实施 VSP 测井的钻井，根据声波测井资料，制作地震合成记录，通过合成地震记录与测井曲线、实测地震记录及钻井分层数据的对应关系，实现地震地质层位的标定。同时，选择既有 VSP 测井，又有声波测井的井点，分别对这两种标定方法进行比较和调整，以提高标定的可靠程度(图 2-12、图 2-13)。从图 2-12 和图 2-13 可见两者的时—深关系曲线差异不大，从合成记录来看，VSP 合成记录的反射波组的细节部分比声波合成记录的好，但使用声波合成记录完全满足井—震标定的要求，而 VSP 测井的经济成本相对较高。

此外，对于没有钻井控制的部位，或钻井没揭示的层位，则根据区域地质特征、构造运动特点及地震反射特征，包括地层厚度、接触关系等，结合连井剖面对比进行确定。

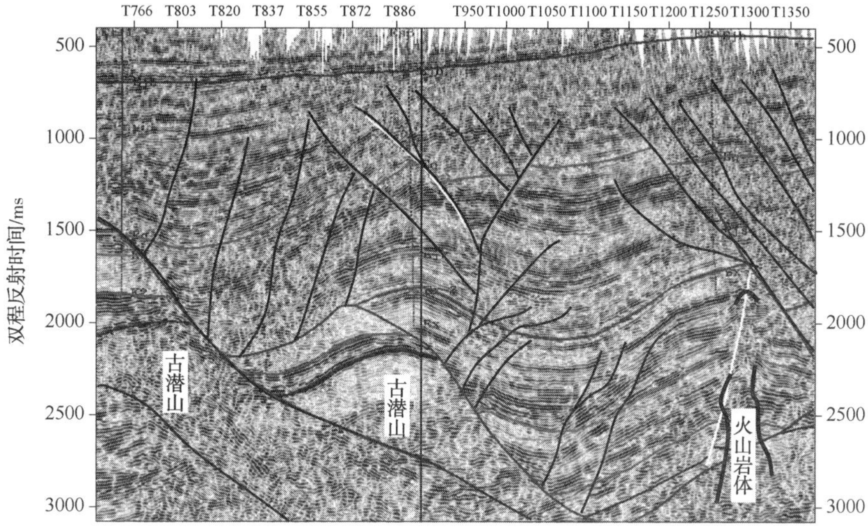

图 2-9　研究区内 Es9 井、Es6 井、Es11 井的 VSP 标定连井解释剖面示意图
（据胡伟光等修改，2016 年）

注：该地震剖面显示下部的古潜山相当发育，特别是左侧高部位的古潜山，可能是今后的油气勘探重点。

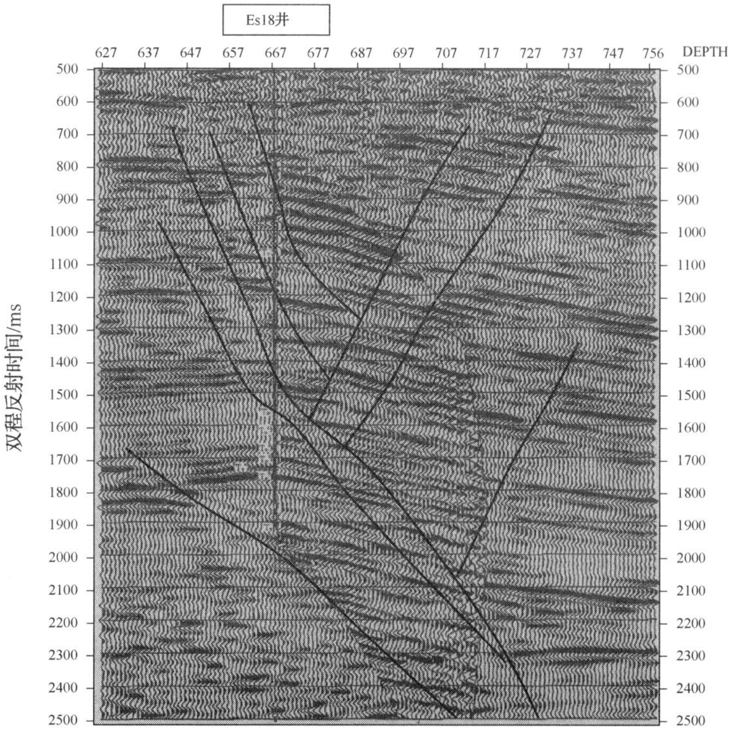

图 2-10　Es18 井的 VSP 叠加时间剖面镶嵌到过井地震剖面
（图中黑色实线为解释的断层位置）（据胡伟光等修改，2016 年）

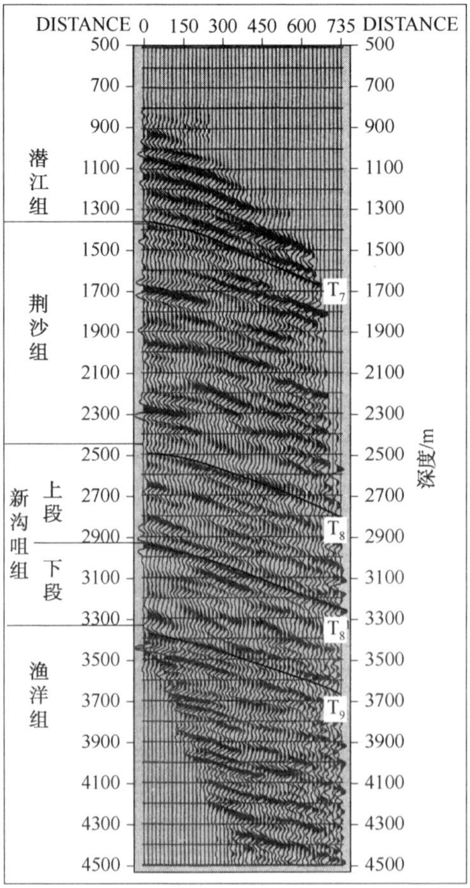

图 2-11　Es18 井的 VSP 深度成像剖面(据胡伟光等修改，2016 年)

注：在 VSP 地震剖面中，根据相关组的顶及底界面的位置，确定相关的目的层位，可见不同形状的虚线位置对应于不同的层界面。如潜江组底界面(T_7)为长虚线，确定为波峰反射，一个强反射波组的最下部的一个较强反射作为该层位所追踪的界面；荆沙组底界面(T_8，也就是新沟咀组顶界面)为一个较强反射波峰，对于主要的目的层段(新沟咀组)则设定为三个反射层，分别为新沟咀组顶界面(T_8)、新沟咀组上段及下段之间的界面(T_8')及新沟咀组底界面(T_9)。

2.3.1.2　波组对比

由于是陆相沉积地层，地震反射波组在横向上变化相对较快，难以进行追踪解释，但其泥质沉积相对稳定，可连续追踪。所以在进一步确认反射波组标定的可靠性以后，首先通过连井剖面和环形剖面进行反射波组识别及对比追踪，建立全区的连井骨干剖面框架(图 2-14)。在此基础上，设定相关的解释网格，实施从粗到细、由易到难、循序渐进、逐步深入的原则，对整个三维地震数据体开展对比及解释。首先按解释网格为 20 线×20 道的密度进行对比解释，初步掌握全区的基本构造形态特征以及解释的断层、层位相对闭合和合理后，再将对比解释的网格密度提高到 10 线×10 道。然后，针对各个局部构造落实的需要，可逐步加密到 5 线×5 道、2 线×2 道，甚至可达到 1 线×1 道。

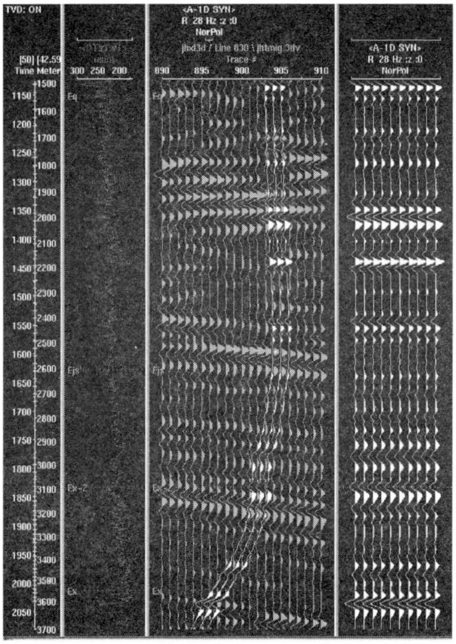

图 2-12　Es6 井声波合成记录标定示意图
（据胡伟光等修改，2016 年）

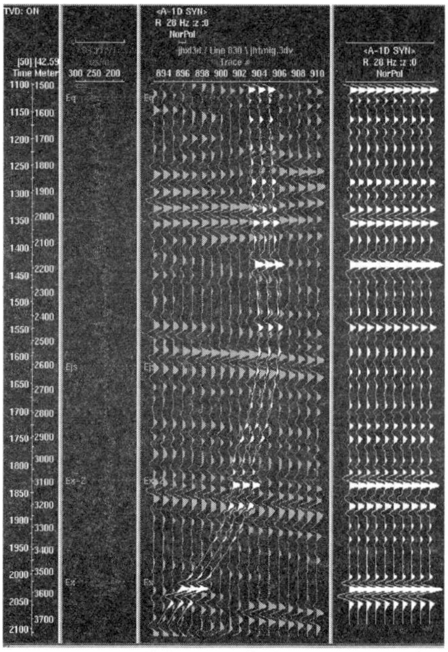

图 2-13　Es6 井的 VSP 合成记录标定示意图
（据胡伟光等修改，2016 年）

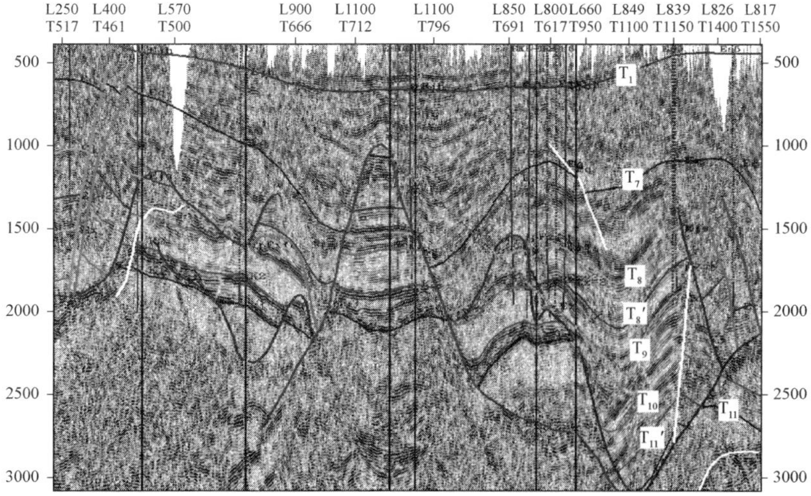

图 2-14　研究区内的连井对比骨架解释的剖面示意图（据胡伟光等修改，2016 年）

根据工区内的地震反射资料及地质情况，研究区内的地震资料层位解释共对比了 T_1、T_7、T_8、T_8'、T_9、T_{10}、T_{11}'、T_{11} 等 8 个反射层位，由于是陆相沉积，所以各个反射层位内部波组的特征在不同的构造部位反映也不一样(图 2-15)，这 8 个反射层位的波组特征分别描述如下。

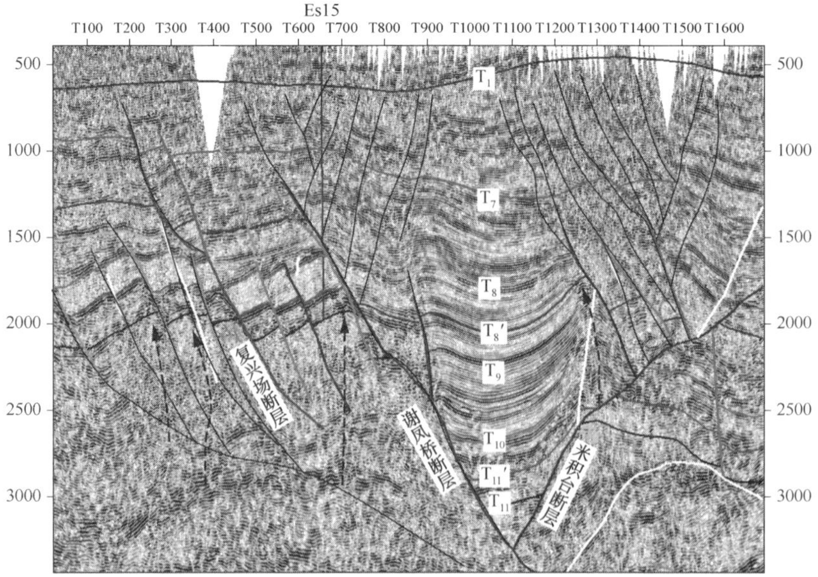

图 2-15　反映不同区块反射波组特征不同的剖面(带箭头的虚线为预测火山岩体向上运动方向)(据胡伟光等修改，2016 年)

(1) T_1 层位波组特征：4~5 个相位，强反射振幅；中—高频率，连续性好，除了在南岗区块局部因采集偏移距过大而造成浅层的反射波缺失，从而造成该反射波组未获得外，全区均可长距离连续追踪。该层的双程旅行时间 t_0 值为 400~600ms，该层的反射波组与下覆地层的反射呈明显的角度关系，反映了区域性不整合面的反射特征。在地质上该反射层代表新近系上更新统的底界面反射。

(2) T_7 层位波组特征：反射振幅能量时强时弱，横向变化无规律、频率中等、连续性相对较差，波组对比追踪相对比较困难。该波组上部为一套弱反射，下部为一套强反射，可见该强反射与 T_7 波组有微角度不整合关系。在工区西部，该波组与 T_1 波组呈大角度接触，并被 T_1 波组取代。在地质上该反射层代表古近系上始新统的潜江组(E_q)的底界面反射。

(3) T_8 层位波组特征：为一套中—高频反射波组，3~4 个相位，在谢风桥断层以东，表现为强能量反射、连续性好。该波组上部为一套密集的强能量反射，下部则为一套中、低频的弱反射，整体上容易识别和追踪。而在谢风桥断层以西及南岗构造上，反射能量变弱，连续性变差，上部的密集反射特征不明显，追踪较困难。在地质上该反射层代表古近系中始新统的荆沙组(*Ejs*)的底界面反射。

（4）T_8'层位波组特征：一般为2~3个相位，中、高频率，能量中等，连续性较好。其下为3~4个相位的强反射与之相伴出现。在八宝工区南部和南岗工区东部，该波组连续性变差。在地质上该反射层代表古近系下始新统的新沟咀组上段（E_{x_2}）的底界面反射。

（5）T_9层位波组特征：为一套强能量反射波组，中、低频率，4~5个相位，连续性好，可全区追踪。在地质上该反射层代表古近系下始新统的新沟咀组下段（E_{x_1}）的底界面反射。

（6）T_{10}层位波组特征：3~5个相位，局部多相位，能量较强，连续性好，可全区连续追踪。谢风桥断层以东，为中、低频率反射。而在谢风桥断层以西，则表现为低频反射，并在局部见到超覆现象。在地质上该反射层代表古近系沙市组（E_s）的底界面反射。

（7）T_{11}'层位波组特征：2~3个相位，局部多相位、低频、能量较强，在谢风桥断层以西，连续性好，可连续追踪。而在谢风桥断层以东，连续性变差，追踪困难。在地质上该反射层代表上白垩统（K_2）底界面的反射。

（8）T_{11}层位波组特征：3~4个相位，低频，在谢风桥断层以西，反射能量强、连续性较好，与下部地层反射明显呈角度不整合关系。在谢风桥断层以东，由于埋藏较深，反射能量弱、连续性差，识别和追踪比较困难。在地质上该反射层代表白垩系（K）底界面的反射。各层位的波组具体特征及地质属性如表2-1所示。

表2-1　江汉盆地西南缘地震反射层位波组特征及其地质属性表

层位名	主要反射波组特征	地质属性
T_1	为区域削蚀不整合面反射，其上为一组4~5个强振幅、中—高频率、连续性好的相位，其下为变振幅、中—高频率、连续性较好的反射波。全区分布	新近系、古近系分界面
T_7	频率中等，能量时强时弱变化较大、连续性相对较差，一般在其上为弱反射，其下有一套强反射，可见微角度超覆和削蚀现象。在八宝西南角被T_1削蚀，其余地方都有分布	潜江组（Eq）底界面
T_8	其上为大套中高频率的强反射，其下为中低频率的弱反射，连续性较好，但在八宝工区南部其上下都为强反射、连续性变差，特征不太清晰。全区分布	荆沙组（Ejs）底界面
T_8'	其上为中低振幅、中低频率反射波，其下为3~4个中强振幅、中低频率反射波，连续性好；在八宝工区南部和南岗工区东部连续性变差。全区分布	新沟咀组上段（Ex_2）底界面
T_9	一般为大套强反射顶部的第2或第3个相位，而强反射的第1个相位反映的是“泥隔层”；中低频率、连续性好，全区分布。该波组分布较稳定，可作为全区的“标志层”	新沟咀组下段（Ex_1）底界面

续表

层位名	主要反射波组特征	地质属性
T_{10}	在谢风桥断层以西为一套强反射波组的底，其下为一套能量很弱的反射，中低频率、连续性好，多见上超现象。断层以东的南岗工区，则处于该套强反射内部，八宝工区则能量多为弱反射，由于无钻井揭示，目前的解释尚属推测。全区都有分布	沙市组(Es)底界面
T_{11}'	在谢风桥断层以西为一套弱反射的底和强反射的顶，低频，连续性好；断层以东的特征与T_{10}波组一样，以推测性解释为主。全区分布	上白垩统(K_2)底界面
T_{11}	在谢风桥断层以西，其上为一组强反射波，其下为杂乱反射弱能量波组，频率低、连续性较好；在八宝工区西南缘和冯口以西，可见大角度不整合，因而为一区域不整合面反射。断层以东则由于埋深很大、特征变化大，目前以推测性解释为主。全区分布	白垩系(K)底界面

2.3.2 莱州湾某勘探区

在莱州湾某区块的浅层地震资料解释，可以见到高分辨率地震数据的解释特点。由于地震数据主要是针对浅层进行采集，所以地震剖面中的信噪比相对较高，各个构造形态清晰，断层的断点也相对较清晰，地震资料解释相对容易。

从该地震剖面中的原解释成果来看(图 2-16)，断层相对呈直立状，但有些断点没有开出断层，层位的解释也存在一定的问题。因此，在前面的原地震资料解释成果基础上，实施了对于该地震剖面的本次地震资料解释。本次地震资料解释成果显示(图 2-17)，地震剖面左侧及右侧的断层(黑色细虚线位置)相对发育，具有走滑性质，一些断层具有反转断层性质，断层条数较原解释成果要多一些，③号层位(黑色双虚线)可以在整个剖面上进行追踪解释，②号层位(黑色实线)可以大部分追踪解释，但在背斜构造的顶部区域被剥蚀而缺少。另外，从②号层位与③号层位之间的沉积厚度来看，背斜构造对两者的沉积影响较大，在两者沉积时候，背斜所造成的古地貌使其厚度发生变化，呈现出两侧逐渐增厚的态势，如背斜的左侧就是相对向左，其沉积厚度呈逐渐增厚现象。后来该区域整体抬升，在④号地层沉积时，整体受到了剥蚀削平作用(显示④号地层界面与下伏地层呈角度不整合)，并在其上整体稳定地接受④号及①号地层的沉积。纵观在①号地层与④号地层之间的沉积，其反射层相对稳定，呈平行状，显示出该时期的沉积水体较深且平静、水动力较弱，沉积区域整体上远离物源区的特点。

2.3.3 四川盆地某勘探区

在四川盆地的一些勘探区块，在火山岩体中发现了油气藏，并掀起了对火山岩体的识别及解释。一般情况下，火成岩发育区的地震资料往往存在岩下地震同相轴连续性较差、反射能量弱等现象，火山岩对中、高频能量衰减明显，低频能量穿透能力相对较强。在地震资料解释过程中，由于火山岩体的非均质性强、造成正常地层沉积的地震反射同相轴出现中断等，很难对其个体进行解释，因此，在研究火成岩体的地震资料解释时，主要是对火成岩体的顶界面及底界面进行解释，这样的解释方式也可以使解释的难度大大降低，所得到的层位可以在后续的切片分析中对岩体进行研究。

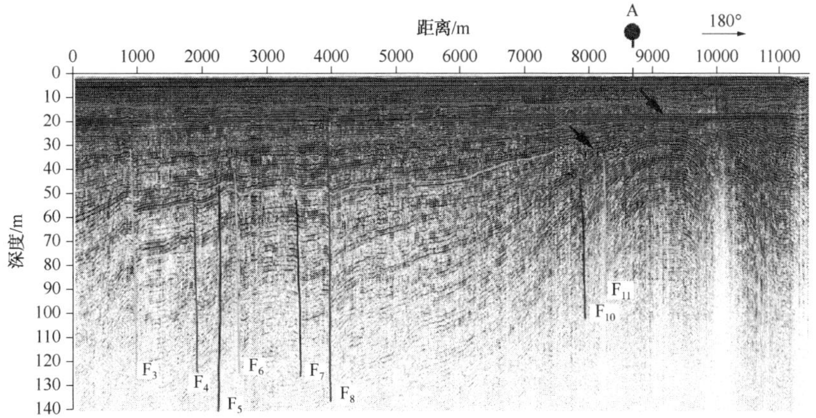

图 2-16　莱州湾某勘探区某地震剖面中地震资料解释成果示意图

（据刘双双等修改，2017 年）

注：黑色箭头位置为原地震剖面所解释的②、③号层位（对应本次解释成果，图 2-17）尖灭位置，上箭头为②号层位，下箭头为③号层位。

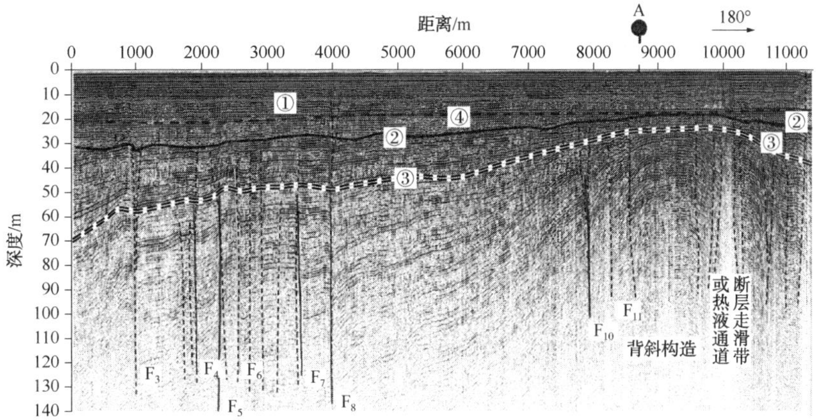

图 2-17　莱州湾某勘探区某地震剖面中本次地震资料解释成果示意图

（据刘双双等修改，2017 年）

注：本次解释的黑色双虚线为③号层位，黑色实线为②号层位，可见本次的层位解释与原层位解释有差异性；在断层解释方面，本次断层解释也与原断层解释存在差异性。

从某个勘探区内的一条地震剖面（图 2-18）上看，相关的解释实例揭示该地震剖面上部地层的飞仙关组底界面的地震反射是连续的，可以追踪，其可靠性相对较高。其下部的火山岩顶界面的反射连续性较好(棱形点)，反射界面相对较强，波峰特征明显且能连续追踪，飞仙关组底界面与火山岩顶界面之间由于火山岩体的作用，造成火山岩体的顶部区域的断层发育及构造形态相对明显。火山岩底界面也是一个反射相对较强的连续性较好的界面，能相对稳定地追踪解释，其局部反射变弱是由于断层及火山通道等因素，造成其连续性被打断。下二叠统底界面则解释相对困难，只能通过卡层厚、层位趋势及层厚变化、波组组合特征等实施持续性解释。另外，火山岩体内部的地震反射相对杂乱、成层性差及短簇状亮点频繁出现，与正常的地层沉积的地震反射特征差异性较大。并且，可以见到黑色双虚线所解释的火山通道，与下部的岩浆岩体呈连接状态。寒武系底界面由于地层埋藏过深(双程旅行时间大于2600ms)，界面的地震反射信噪比相对较低，并且连续性为火山通道所破坏等(图2-18中椭圆形区域内)，造成一些层段的识别及解释相对困难。如图2-18中的黑色粗实线加虚线层为原文章中的解释方案(层位控制点为空心双圆)，也可能是本次的双点划线层的解释模式(控制点为空心圆)，明显具有一定的多解性。另外，灯影组底界面也可以有不同的解释模式。因此，由于信噪比低及断层破坏、岩性突变等因素，层位解释也可能存在多解性，必须利用井上对其进行层位控制才能减少一定的多解性。从地震剖面来看，剖面显示基底的左侧为隆起区域，右侧为下沉区域，显示一个斜坡的状态，斜坡区域的火山通道相对发育，在下二叠统底界面与寒武系底界面之间的发育火成岩向周围岩体侵入的形态，也就是侵入岩体发育，并且周围的裂缝及断层可能相对发育。

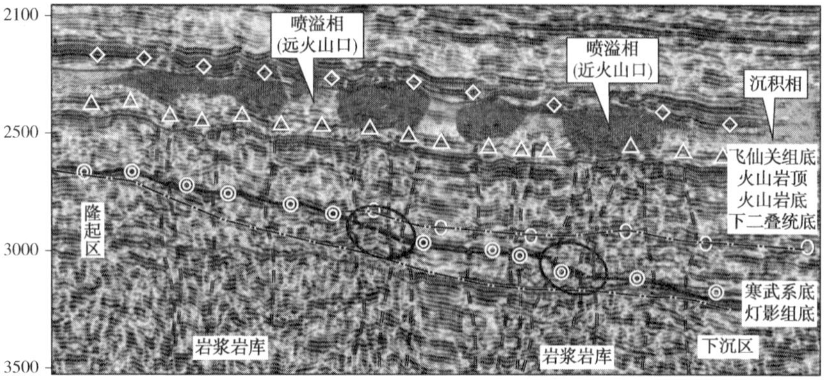

图2-18　四川盆地某勘探区某条地震剖面中相关地震资料解释成果示意图
(据陈骁等修改，2019年)

从该区所布设的A1井(图2-19)来看，该井钻探在一个火山岩体上，甚至可能是火山口上。该火山岩体在地震剖面上解释显示为黑色点划线及黑色长划线所圈定的区域，地震反射呈杂乱状、强短簇、强亮点等特征，有一定的双程反射时间厚度，火山岩体的中心区域(图2-19中的黑色正方形线框内)的反射特征(喷发性质)与火山岩体的边缘(流淌性质)有一定的差异性。接下来，对相关的层位进行拉平，可以更加清晰地显示火成岩体的形态特征，如对中二叠统底界面进行拉平(图 2-20)，一方面显示出下部的古地貌特点——左侧的古地貌相对高及其右侧则呈现出一个向斜下凹状，这个地层特征明显受到了相对严重的剥蚀，也就是在中二叠统早期，出现了背斜构造抬升，使其遭受了严重剥蚀，上下地层呈现了角度不整合状态。在中二叠统上部地层，在左侧可见到沉积地层的地震反射出现中止状态，见黑色箭头位置，应该是火山岩体所造成的沉积地层的地震反射中断。图 2-20 中的双虚线为不同的岩性体形态：①号区域推测为滩相，②号区域推测为火成岩体，两者的内部反射都呈杂乱状，与相关的火成岩体及滩相的地震反射特征的认识是吻合的。

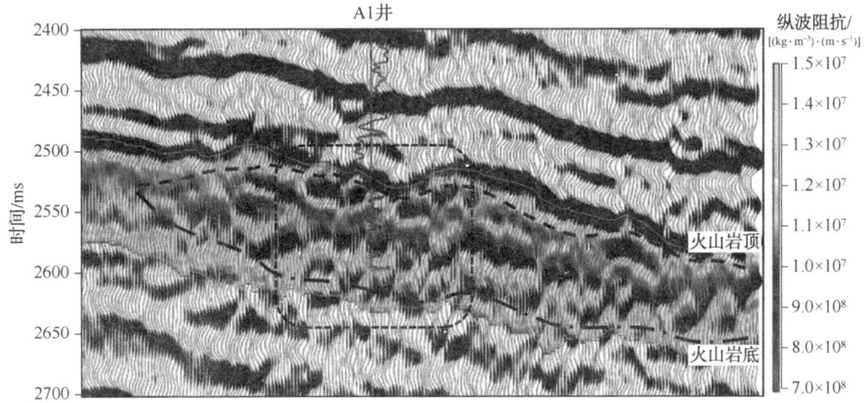

图 2-19　四川盆地某勘探区某条地震剖面与波阻抗剖面叠合显示中布设 A1 井井位示意图(据陈骁等修改，2019 年)

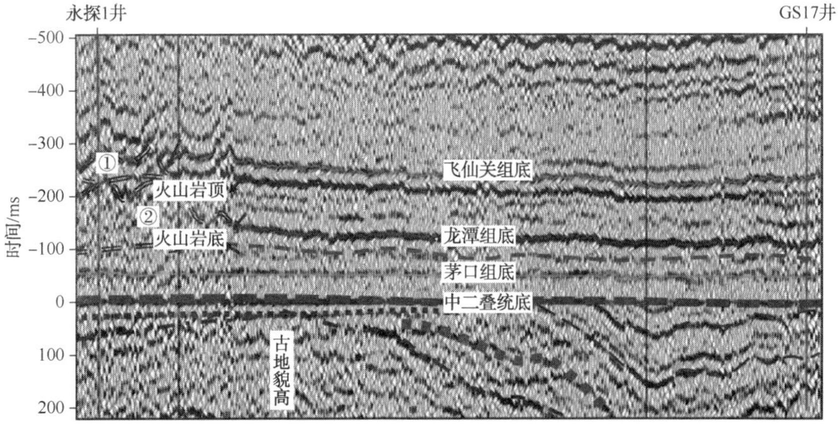

图 2-20　四川盆地某勘探区某条地震剖面对下二叠统底界面进行层拉平显示相关地质现象的示意图(据陈骁等修改，2019 年)

3 断层解释技术

在地震资料解释中，断层是经常出现的，有的研究区域的断层体系很复杂，如在我国西部的山前带和四川盆地内部的一些走滑断层。四川盆地的东部地区，特别是山前带区域。主要由于一些地层的反射波和断层所形成的断面波相互干扰，从而造成对断层及层位的解释相当困难。

总的来说，断层解释属于地震资料解释的重要内容，做好断层解释，对层位解释也有很大帮助。在实施断层解释过程中常见的问题有四个：①断层解释过程中非常容易出现主测线和联络测线的不闭合问题，这种类型的问题常出现在断裂带相对较宽的位置处；②如果主断层面并不清晰，出现断层解释问题的概率也相对较大，如膏盐岩沿断层及其附近的裂缝带进行充填等，也使断层面的解释出现模糊；③断层并不是独立存在，各个断层之间会相互组合，在进行断层解释之前需要了解相互之间的搭接关系，如果不了解其搭接情况，也将无法了解地层中的断层构造样式；④断层是由一系列断点组成线或面，如果断点模糊不清，可以酌情确定断层点。

一般情况下，断层解释主要为正断层及逆断层解释，或者更特殊的走滑断层解释。在实际的地震资料解释中，一个研究区内往往只出现正断层或逆断层中的一种，或两者混杂在一个地震剖面中(这样的情况相对较少)。原则上，对于正断层解释，主要是会造成地层缺失所引起的厚度减薄、一些标志层缺失(断点的垂直方向上)等；而对于逆断层来说，可能会造成断层附近(断点的垂直方向上)地层重复所引起的厚度相对增加、一些标志层重复等情况；对于走滑断层来说，基本上是直立型的或近似于直立状，断层两侧的地层厚度差异不大，断距相对较小等。另外，在断层解释过程中，头脑中必须建立相关的地质模型(图 3-1)，这样更有助于实施断层解释。

图 3-1　广西某地区灰岩中发育的大型低角度逆断层(黑色虚线位置)

3.1 断面波识别

当地层中发育大型断层的时候，断层两侧的断距较大，造成断层面两侧的岩层波阻抗差异明显，并且断层面较圆滑时，本身就是一个良好的反射界面。在此界面上所产生的反射波，叫作断面波(图 3-2)。断面波的识别在地震资料解释中，是相对典型及重要的，可以指示正确断层的位置。一般情况下，断面波有如下几个特征。

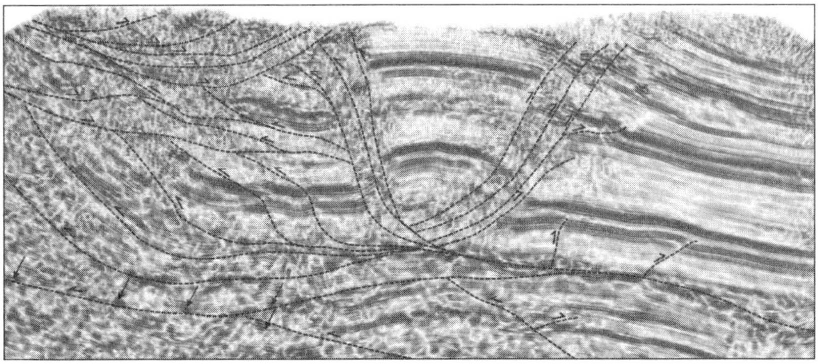

图 3-2(a)　某勘探区内大型逆断层(黑色虚线位置)解释成果及断面波分析(黑色箭头所指示位置)示意图(据杨勤勇等，2019 年，略有改动)

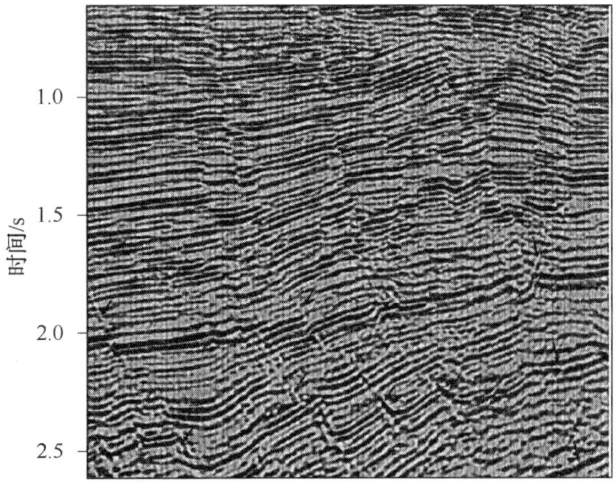

图 3-2(b)　某勘探区内复杂的正断层的断面波分析(黑色箭头所指示位置)示意图(据吴千万等，2021 年，略有改动)

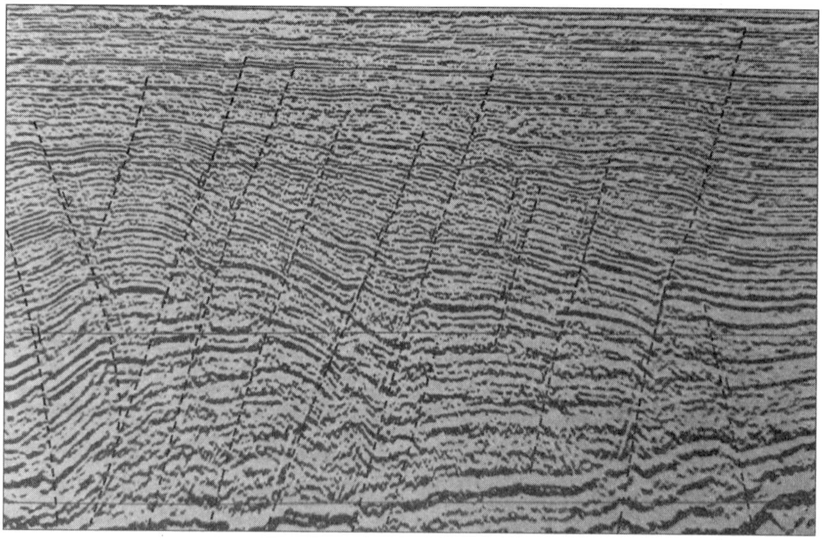

图 3-2(c)　某勘探区内关于正断层的断面波发育及断层解释成果示意图
（据渥·伊尔马兹，2006 年，略有改动）

注：断层的断面波对正常沉积地层的反射进行了干扰及叠加，一些与断层面相平行的线状反射异常推测为其他测线上该断层面对本测线成像的干扰。从断层的排列来看，本剖面中的断层主要发育书斜式断层体系(或阶梯状断层体系)。

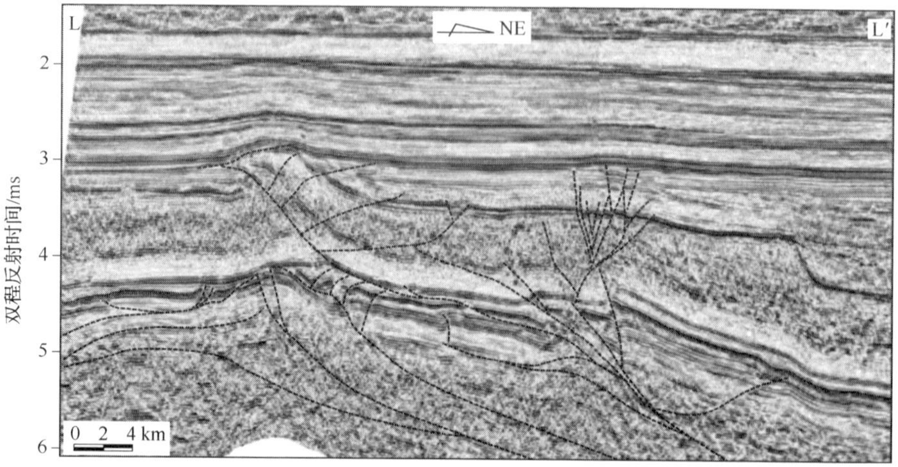

图 3-2(d)　塔里木某勘探区内关于正断层及逆断层体系的解释成果示意图
（据周慧等，2022 年，略有改动）

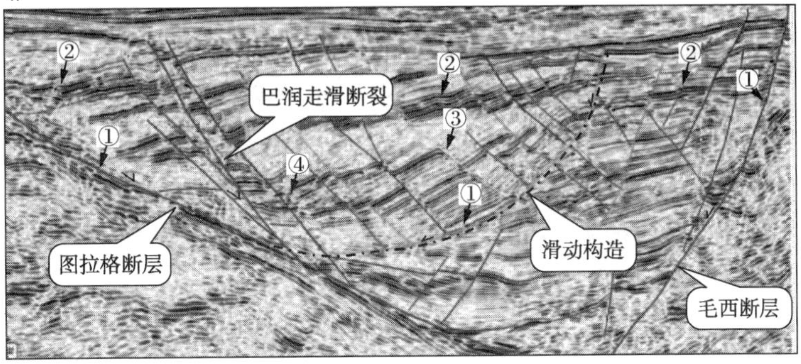

图 3-2(e)　查干凹陷某勘探区内关于正断层体系的解释成果示意图
（据梁国胜等，2011 年，略有改动）

注：①号箭头所指示的断层为大型断裂，其两侧的地震反射产状、特征都有所不同，②号箭头所指示的区域为地层挠曲，为断层或断层末端造成，③号箭头所指示的区域为中型断层断点，断点清晰及两侧的地层出现正常反射而不受影响，④号箭头所指示的区域为断层复杂区域，为多个断点组成。

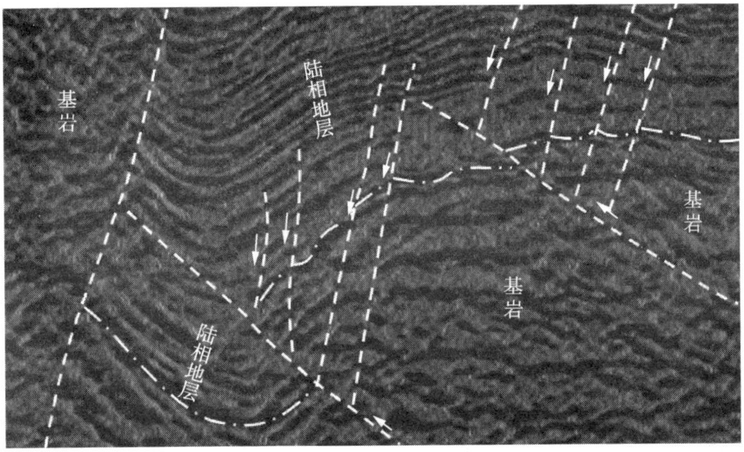

图 3-2(f)　静北潜山内复杂断层体系的解释成果示意图(据徐振旺，2019 年，略有改动)

注：白色的点划线为解释的潜山(基岩)顶界面，潜山内部与上部的陆相地层的反射存在较大的差异，白色虚线为解释的断层位置，白色箭头指示断层上盘的运动方向，可见断层连接了陆相与潜山内部，造成陆相地层中的油气向潜山的裂缝体系进行充注，形成了所谓的新生古储的局面。

（1）断面波实际上就是大倾角的反射波，与地层反射波具有相似的特征，总的来说，断面波的同相轴比一般的地层所引起的反射同相轴的倾角陡，并且存在波组相交特点。

（2）由于偏移的影响，断面波往往向下倾，方向偏移，造成其与下降盘的地层反射波斜交，发生干扰现象，在断点附近还伴有绕射波出现，构成反射波连绕射波，绕射波连断面波的现象。

（3）断面波的能量特征时强时弱、时有时无、断续出现，这些特征与断层面两侧的岩性变化有关，会造成其反射系数出现变化，而使断面波的能量持续出现变化。

（4）在断层落差大、延伸长及断面波较强的位置，同一断层面的断面波在多条测线上均可以看到，并且能相互闭合。

总的来说，断面波会与一次反射波发生干扰，影响一次反射波的对比、追踪，但同时可以利用其识别断层（图 3-3），在地震解释中应该充分加以注意。

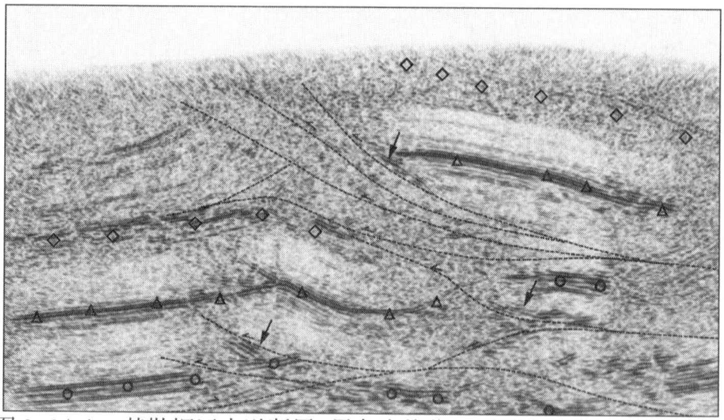

图 3-3(a)　某勘探区内逆断层（黑色虚线位置）解释成果及断面波分析（黑色箭头所指示位置）示意图（据黄小刚，2019 年，略有改动）

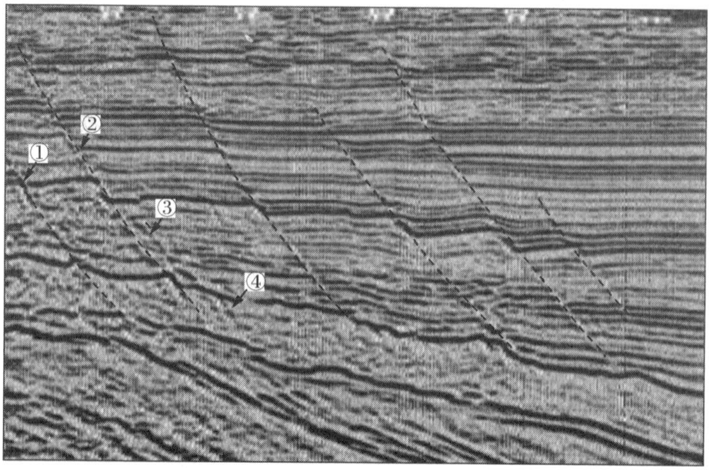

图 3-3(b)　某勘探区内正断层（黑色虚线位置）解释成果及断面波分析（黑色箭头所指示位置及相关符号）示意图（据郭旭升等，2022 年，略有改动）

注：①号箭头所指示的断层反射波，其两侧的地震反射产状、特征都有所不同，并造成同相轴错断，②号箭头所指示区域为标准的断面波，③、④号箭头所指示的区域为其他位置的断层（如弧状断层等）在本地震剖面上的反射波，不是真实的断层响应，这个解释工作者要注意。另外，从地震剖面上看，正断层基本消失在下部地层内，这个地层反射呈杂乱、空白状，应该是一个泥岩体或其他的地质异常体。

3.2 断点识别及解释

断层的解释是从地震剖面(或平面)中的断点开始的，并基于断点位置信息进行关于断层面的闭合。一般情况下，断层解释就是一个识别、判断断点的过程，并根据地震剖面中的各个断点的位置，设定相关的断层线使其合理地串联起来，从而在地震剖面中解释出断层面位置。依此类推，完成断层面的三维空间上的解释，得到断层面的参数信息。

总的来说，断层的解释基本上包括两个方面：一方面是确定其在地震剖面上的断层性质，这就叫断点解释，或称为断点的剖面解释和断层识别；另一方面是进行断点的平面组合，又称为断层的平面解释。现将这两者相对简单地阐述如下。

1. 断层的识别标志

(1) 地层的反射波同相轴发生错断。由于断层的断距存在差异，可以表现为反射波的波组或波系的错断(图 3-4)，低序级断层甚至会引起同一层的地震反射波形的扭曲或错动四分之一相位，这是小型断层的反映(图 3-5)。

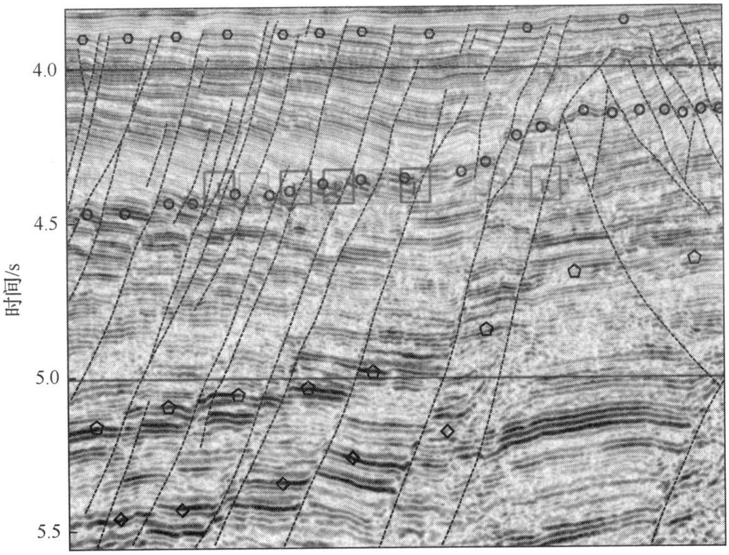

图 3-4(a) 某勘探区内断层(黑色虚线位置)解释成果示意图
(据李飞跃等，2017 年，略有改动)

注：可以见到断层对地层反射波组的错断(不同的形状对应于不同的地层界面)，另外也看到该剖面中的断层体系是极其复杂的，可能菱形地层的缺失使其难以追踪解释，或者该层位在断层下盘(上升盘)而没有沉积或剥蚀所致。

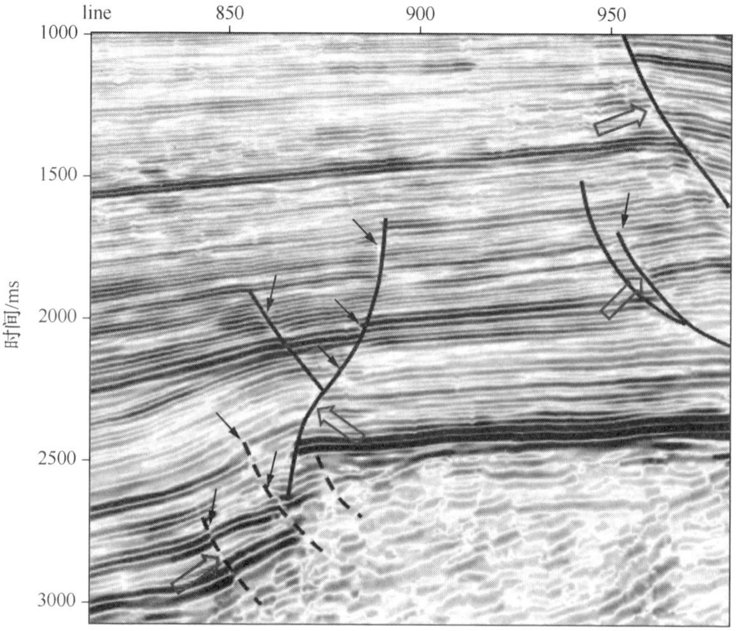

图 3-4(b) 柴西南某勘探区内某条剖面的断层解释成果示意图(据赵师权，2020 年，略有改动)

注：灰色空心箭头及黑色箭头所指示的位置为断点位置，断层基本上穿过相对明显的断点位置，黑色实线为解释的正断层，黑色虚线为解释的逆断层，可见在一个剖面内存在两种形式的断层体系。

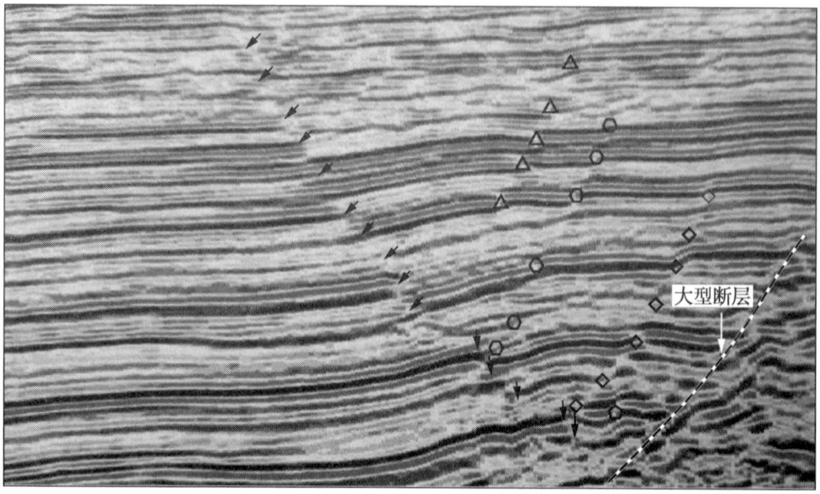

图 3-5(a) 某勘探区内低序级断点识别结果(见箭头及不同形状所指示的位置)示意图(据孙盼科等，2021 年，略有改动)

注：断层造成波组错断及扭曲，断点相对清晰，黑色虚线为解释出的大型断层位置，该大型断层面附近的断面波相对发育，另外，注意不同断层点在该地震剖面中的组合而形成同一条断层。

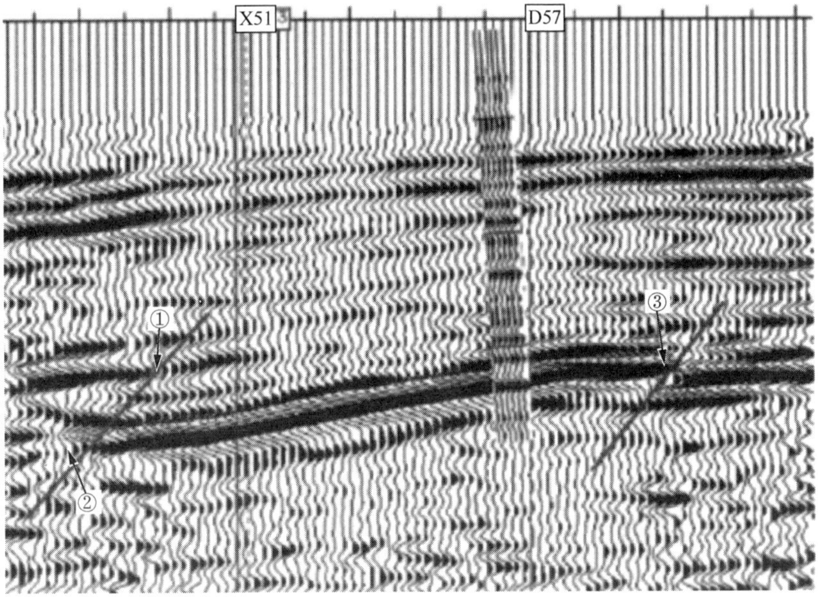

图 3-5(b)　某勘探区内低序级断点识别结果(箭头所指示的位置)示意图

(据安莲萍，2011 年，略有改动)

注：①号箭头所指示的断点，在水平层状的地震反射两侧出现变化，②号箭头所指示的区域也是这样，③号箭头所指示的区域，同相轴出现了相对明显的错动状。

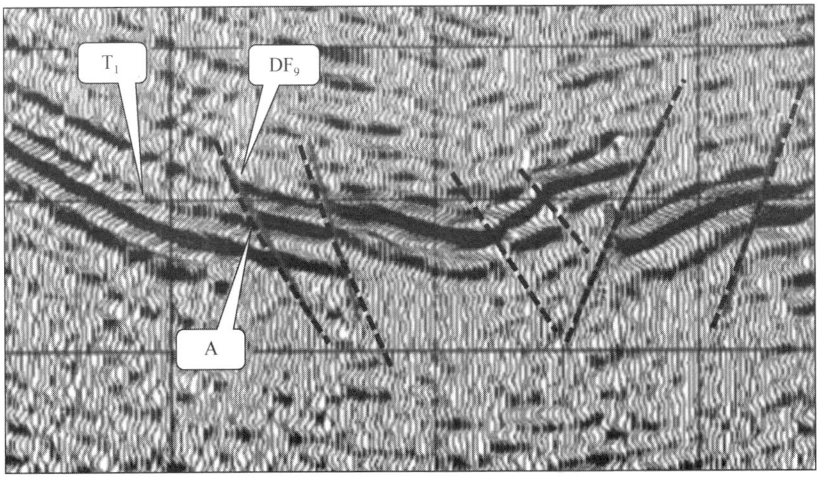

图 3-5(c)　某勘探区内某条二维地震剖面中的断层解释结果示意图

(据安莲萍，2011 年，略有改动)

注：注意断层的解释方法及开出断层的位置，地层的反射特征出现了变化，如挠曲及错断等。另外，注意开出断层的形态，具有一定的特征，如 DF_9 号断层的断点，很容易让解释工作者认为是沉积环境出现突变所致，其实是断层所引起，这个断层特征是由二维测线与断层走向出现小角度交叉所造成的，三维资料就证实了这个观点。

（2）反射波突然消失或反射波组的突然增多或减小。一般情况下，反射波组间隔突然出现变化，往往是较大断层的反映。从地质上分析，对于正断层来说，认为断层的上升盘由于沉积地层少、甚至于未接受沉积，因而在地震剖面上出现反射同相轴减少、缺少或缺失。反之，在其下降盘，由于大幅度的下降，往往形成沉降中心，从而沉积了较厚、较全的地层，因而在地震剖面上出现反射同相轴数目明显增多，地层加厚及反射层相对齐全。

（3）地层中某些标准层出现反射同相轴发生分叉、合并及扭曲、强相位转换等现象，而且有时只在一层反射波上出现，这是小断层或低序级断层的反映。

（4）断层会造成地层的反射同相轴发生产状突变，反射凌乱或出现空白反射带(图 3-6)。这是由于断层错动，引起断层两侧的地层产状发生突变，以及由于断层的屏蔽作用，引起断层面下的反射波形出现畸变等造成。

（5）特殊波的出现是识别断层的重要标志，如在反射层错断处，往往伴随着出现断面波、绕射波等。

2. 断层要素的确定

一般情况下，断层要素主要包括断层面、断层产状及断距等。断层要素的确定，关键在于断层面的确定，而当断层面确定了，其他的断层要素，如产状、上下盘及断层距离等就得到确定，而断层面的确定又是以各个地层的断点确定为基础的。

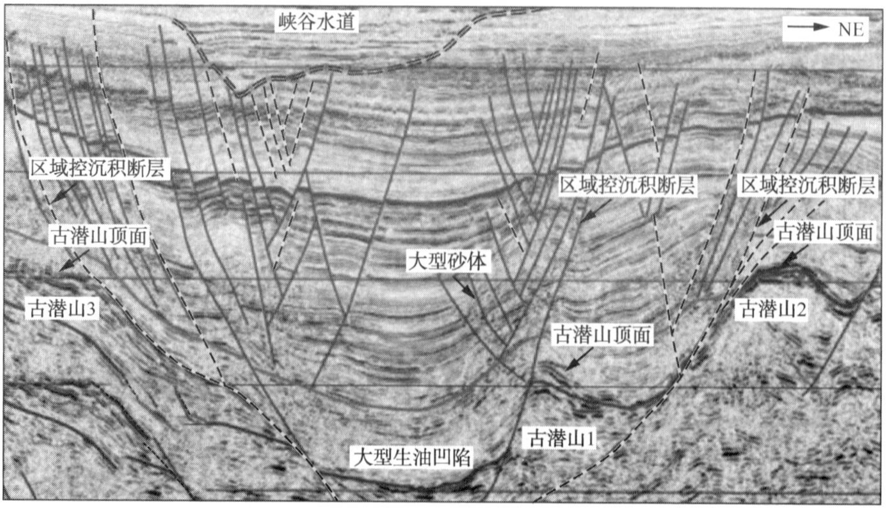

图 3-6(a)　某勘探区内断层(黑色虚线+灰色实线位置)解释成果示意图
(据李飞跃等，2017 年，略有改动)

注：灰色实线位置为原断层解释成果，黑色虚线位置为本次增加的断层解释成果，可见古潜山附近发育的大型控沉积断层，大量的“Y”字形及复合“Y”字形断层体系发育，古潜山顶部区域(特别是断层下盘)推测为本研究区内油气勘探的一个重点关注的区域。

图 3-6(b)　某勘探区内某条地震剖面断层(黑色虚线位置)解释成果示意图
(据孙盼科等，2021 年，略有改动)

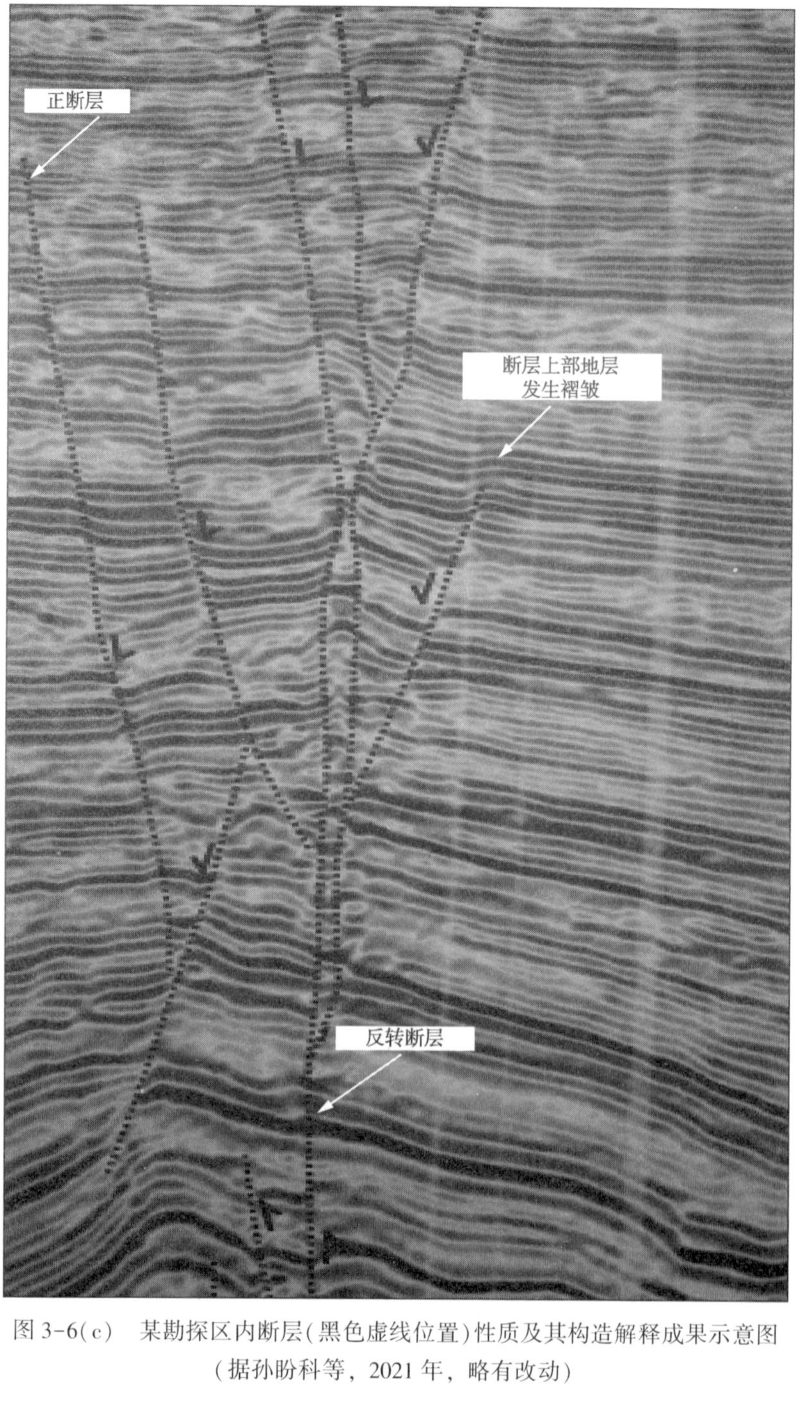

图 3-6(c) 某勘探区内断层(黑色虚线位置)性质及其构造解释成果示意图
(据孙盼科等，2021 年，略有改动)

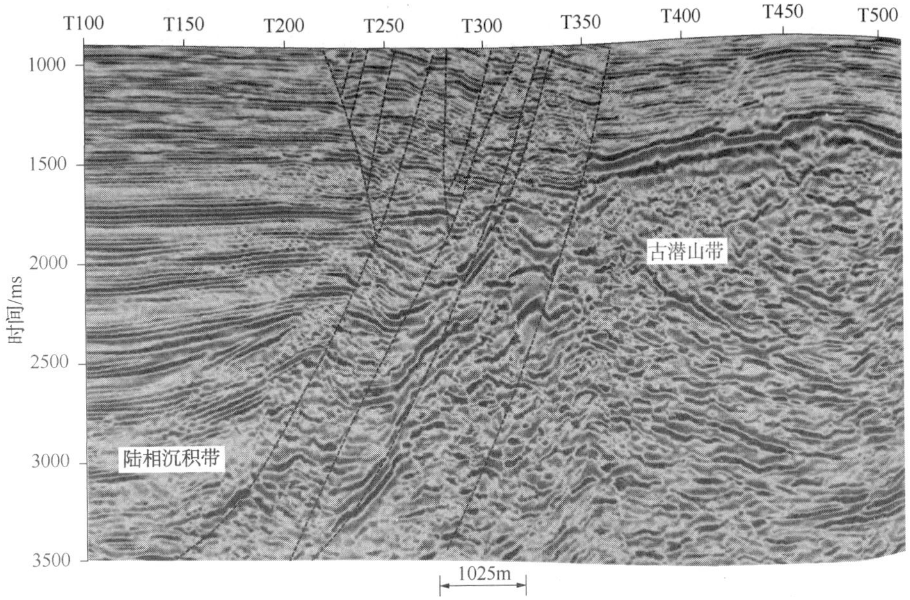

图 3-6(d)　某勘探区内某条地震剖面大型正断层解释成果示意图

(据周锦明等，2003 年，略有改动)

注：断层带及其两侧的沉积相不同，断层的上盘为新地层(陆相)沉积，下盘为老地层(古潜山)。

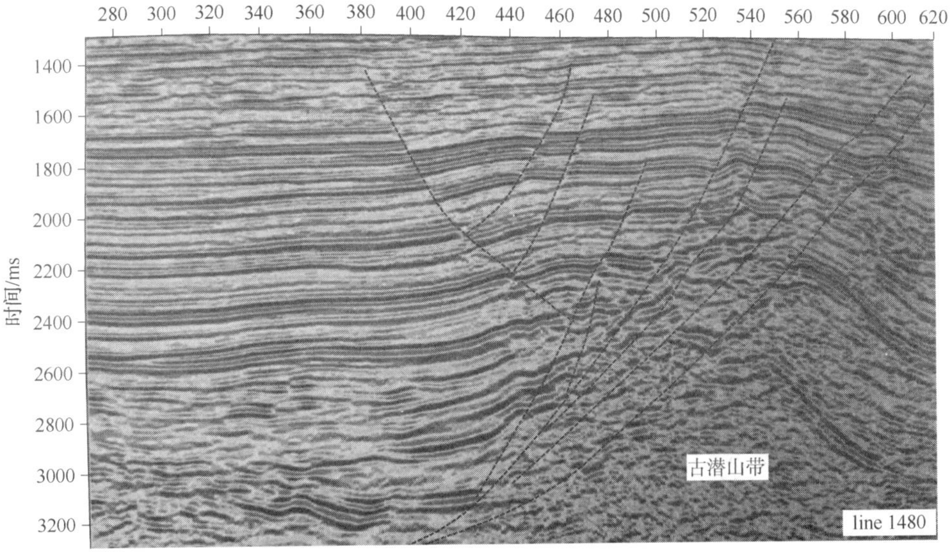

图 3-6(e)　某勘探区某地震剖面大型正断层带的解释成果示意图

(据周锦明等，2003 年，略有改动)

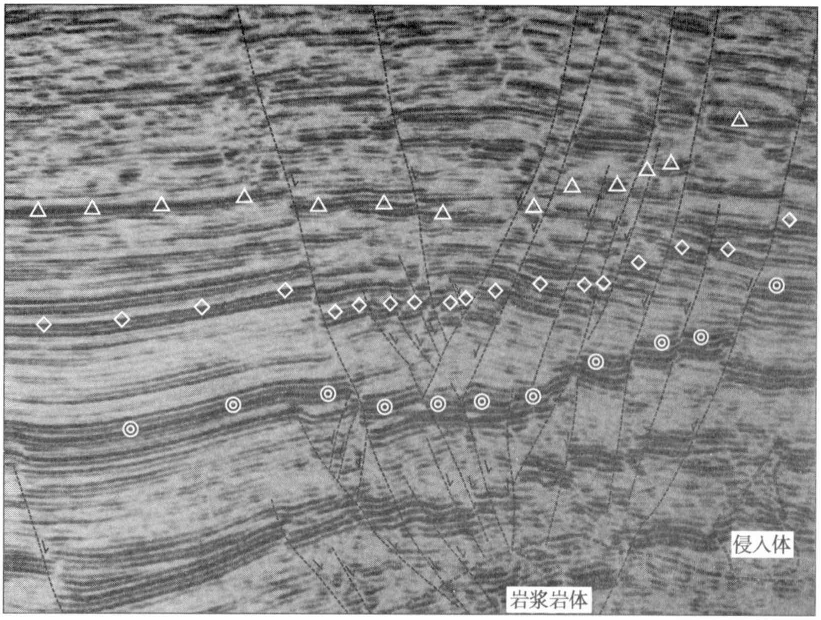

图 3-6(f)　某勘探区某条地震剖面中大型复合“Y”字形正断层带的解释成果示意图（据周锦明等，2003 年，略有改动）

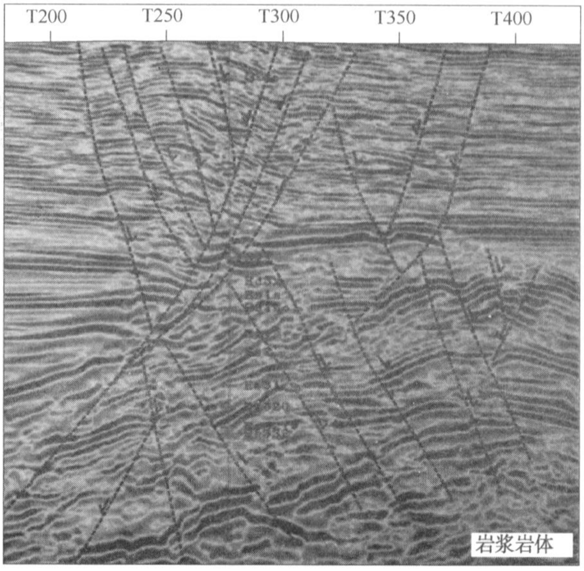

图 3-6(g)　某勘探区某条地震测线大型“Y”字形正断层带及古潜山中发育的复杂断层体系示意图(据周锦明等，2003 年，略有改动)

注：注意钻井的设计井位位置，该钻井钻穿断层带进入古潜山中的强反射层后终孔，预测古潜山顶部的强反射与油气具有一定的关系。

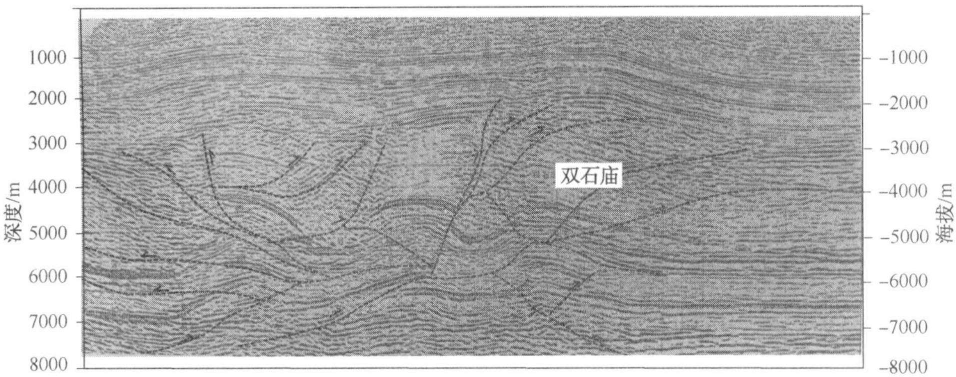

图 3-6(h)　四川盆地双石庙勘探区某条地震剖面本次逆断层带(黑色虚线位置)的解释成果示意图(据四川石油管理局，1990 年，略有改动)

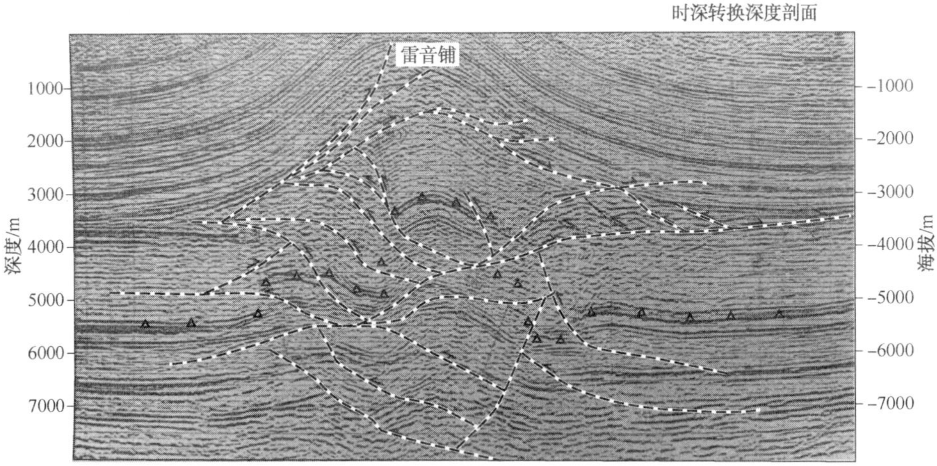

图 3-6(i)　四川盆地雷音铺勘探区某条地震剖面本次大型逆断层带(黑色虚线位置)的解释成果示意图(据四川石油管理局，1990 年，略有改动)

注：三角形层位为长兴组底界面，可见由于断层作用引起地层在垂向上不断重复，这样的情况会造成地震资料解释相对困难及使构造解释变得复杂化。

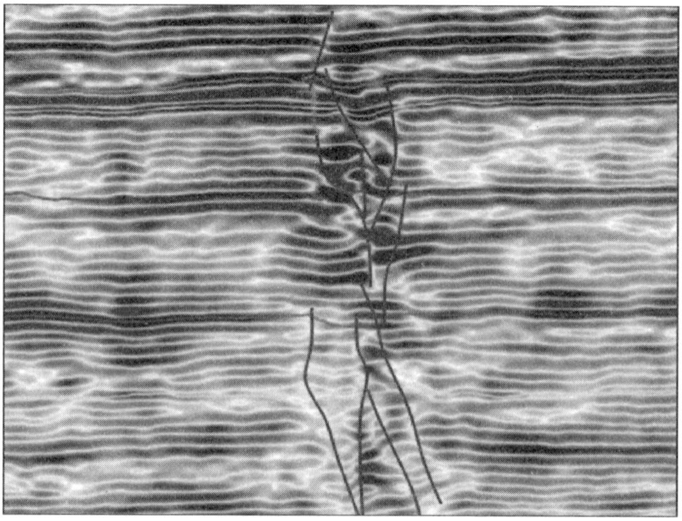

图 3-6(j) 塔河油田某断溶体地震资料解释剖面(据王震等，2019 年，略有修改)

注：灰色线条为解释的断层位置，断层面的形态不确定，呈扭曲状、直立状及花状，断层内部及其边缘附近的地震局部反射亮点相对明显。

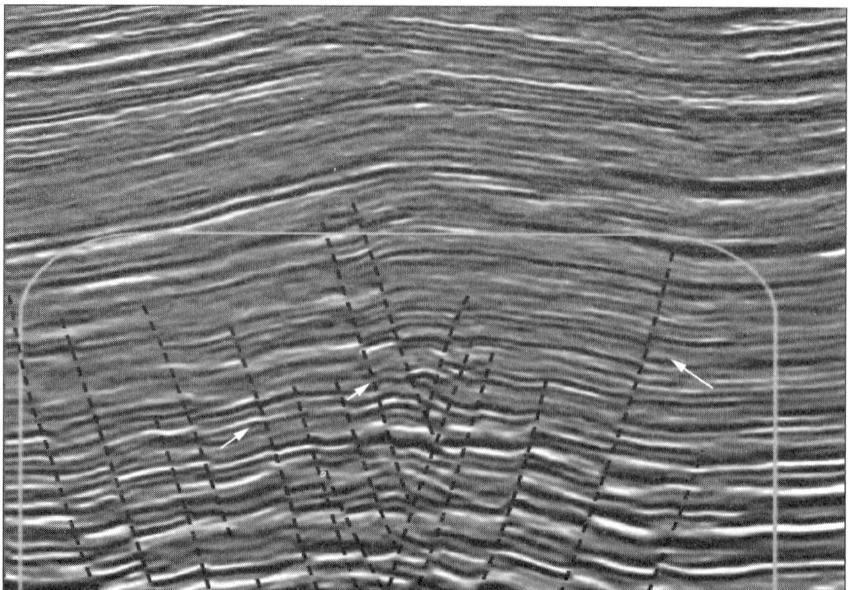

图 3-6(k) 海上某油田某条地震剖面复合“Y”字形断层(黑色虚线位置)解释结果示意图(据毛云新等，2022 年，略有修改)

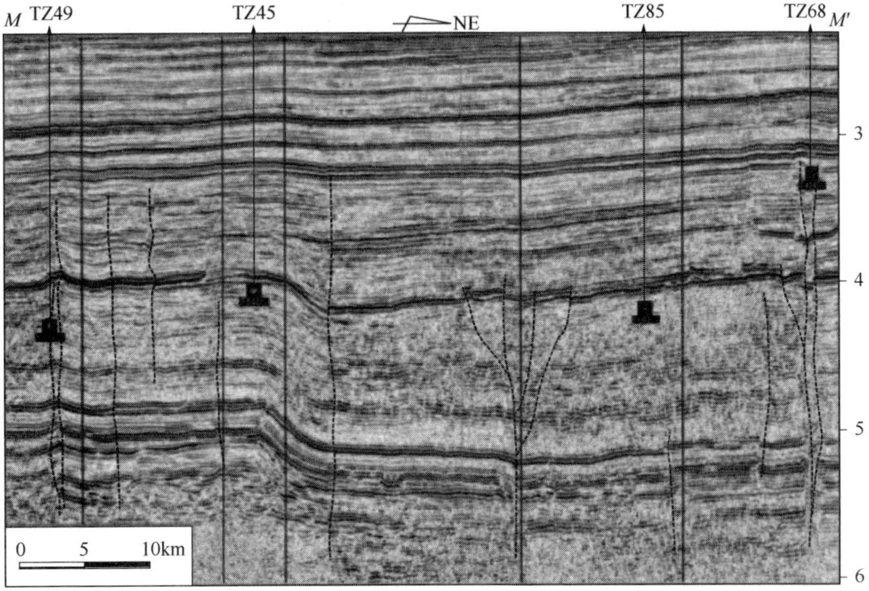

图 3-6(1) 新疆某油田某条地震剖面中的走滑型断层(黑色虚线位置)解释结果示意图(据周慧等，2022 年，略有修改)

(1) 断层面确定。地震剖面中的一个断层面的合理确定，最理想的状态下是浅、中及深层都有可靠的断点控制，对这些点的连线(或拟合曲线)就形成了断层面。如果有断面波的情况下，能对其正确归位，则可以将其作为断层面[但是要注意其他方面(该断层面)对其的干扰]。在对地震剖面中的断层面实施解释时，要注意断层面不可穿越可靠的反射波同相轴。另外，由于断层面的屏蔽作用，可能会导致断层下盘的断点位置往往不可靠，所以应主要根据断层的上盘断点确定断面的位置。

(2) 断面倾角的确定。当测线垂直于断面走向的时候，该测线上的断层面的倾角即为时间域的真倾角；当测线与断层面的走向呈斜交状时，剖面上所解释的断层面的倾角即为时间域的视倾角。

(3) 断层上下盘及断距的确定。可以利用同一标准层在断层两边的深浅关系，确定其上下盘的关系。对于同一个标准层，处于较深一侧的为下降盘，处于较浅一侧的为上升盘；另外，也可以根据断层面的倾向判断断层的上升盘及下降盘。

3.3 断层模式识别

在关于对断层的解释工作中，解释工作者必须熟悉相关的断层模式及其地震响应特征，从而更准确地识别及解释断层。

断层及其所组成的地质模式(图 3-7～图 3-10)，在断层解释中是相当重要的。在地震资料解释中，所解释的断层模式及其相关的地质构造，与地质模式具有相同性。因此，解释工作者必须认识清楚相关的断层识别及其所构成的地质模式，才能更好、更准确地解释断层。

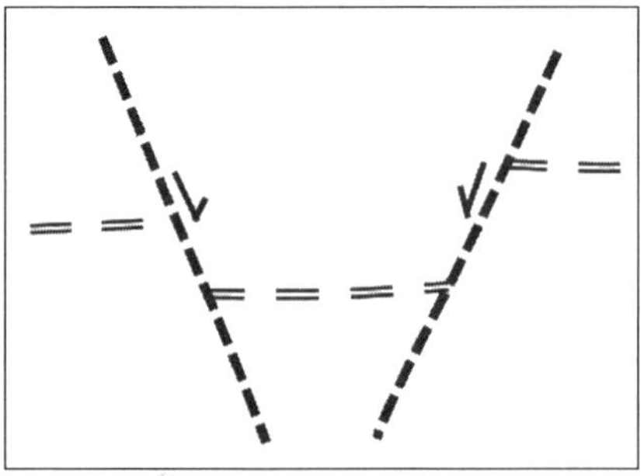

(a)地堑

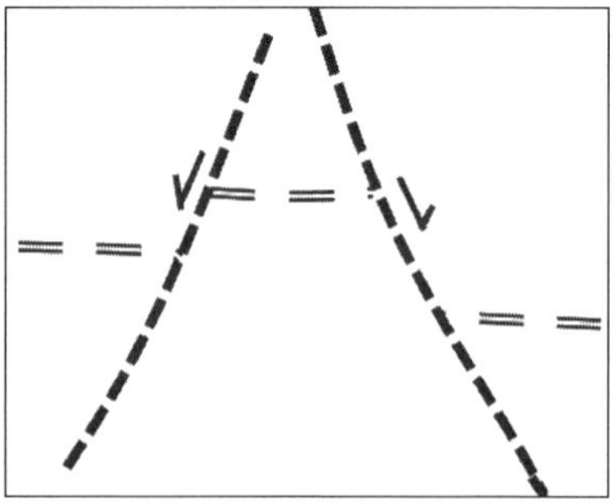

(b)地垒

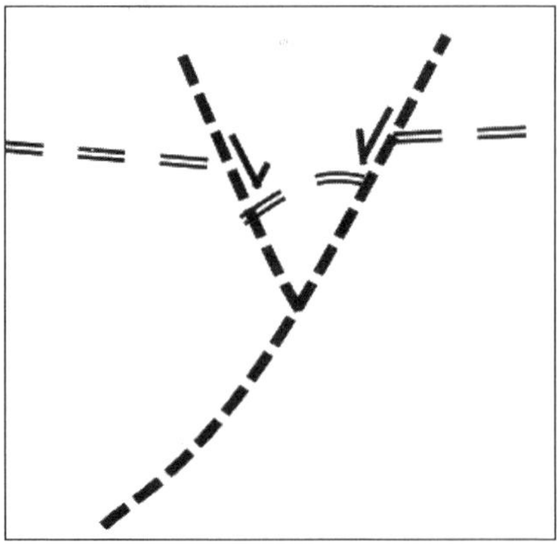

(c)“Y”字形断层

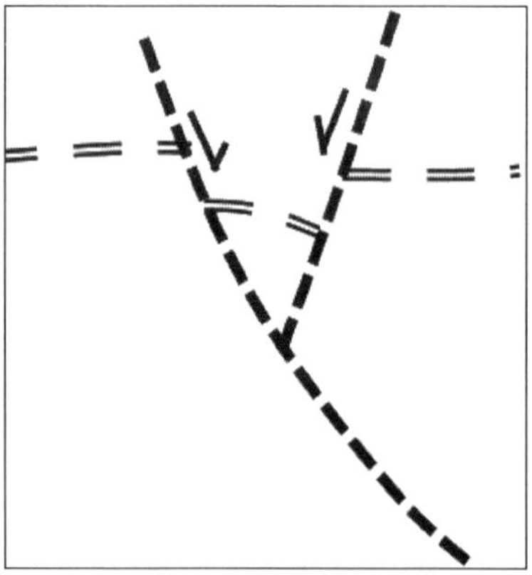

(d)反“Y”字形断层

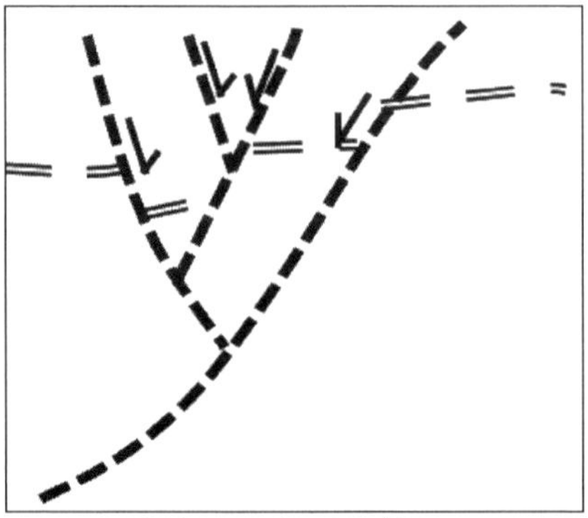

(e)复合“Y”字形断层体系

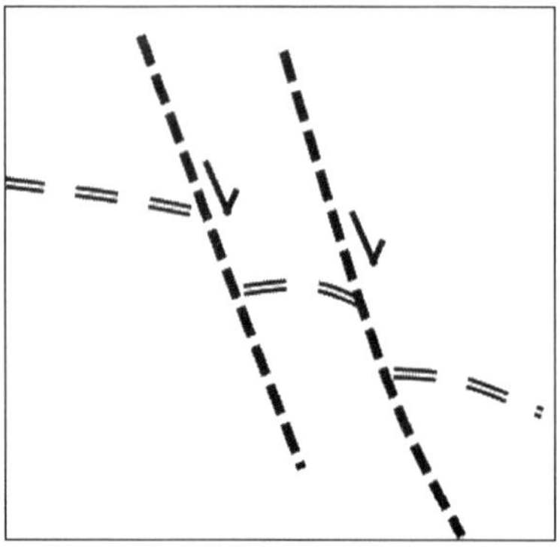

(f)同向断层

图 3-7　正断层及相关的地质构造模式的解释模式示意图(据李东亮，2017 年，略有改动)

注：黑色虚线位置为正断层，双虚线位置为标准层，单箭头方向为断层上盘的运动方向。

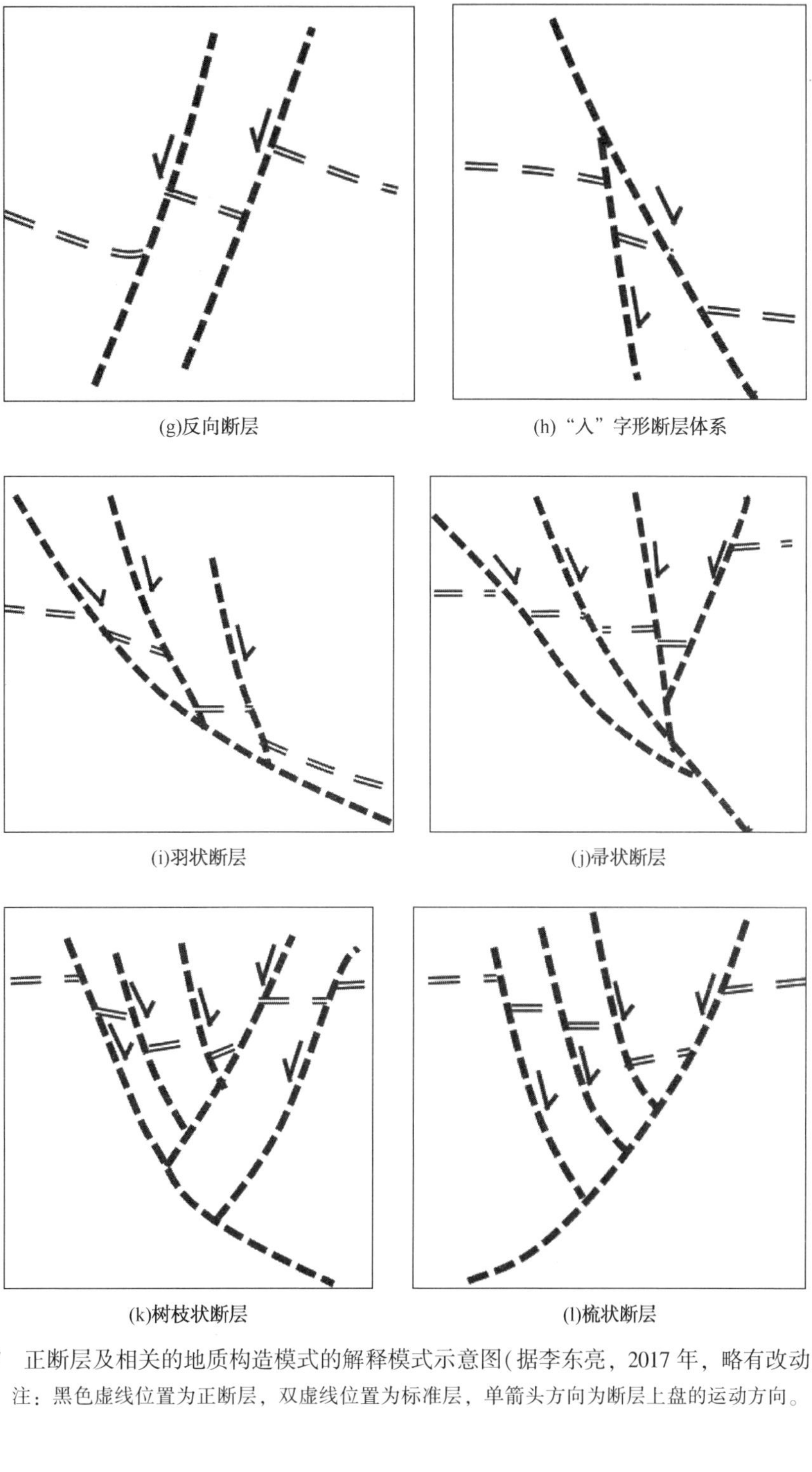

图 3-7　正断层及相关的地质构造模式的解释模式示意图(据李东亮，2017 年，略有改动)(续)

注：黑色虚线位置为正断层，双虚线位置为标准层，单箭头方向为断层上盘的运动方向。

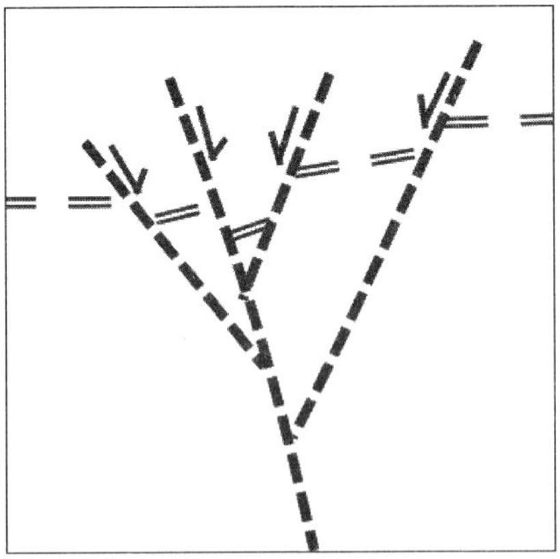

(m)似花状断层

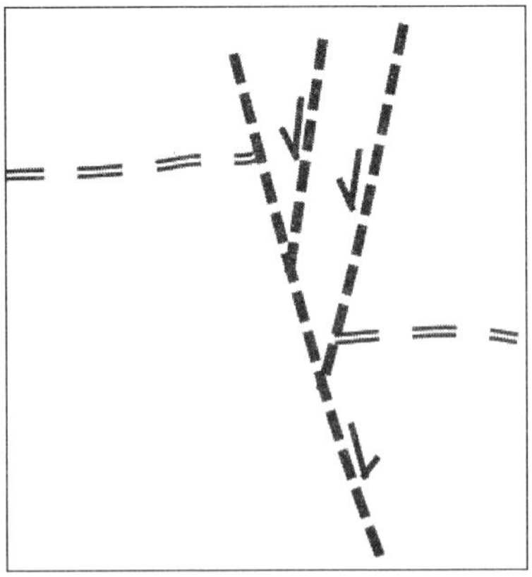

(n)半花状断层

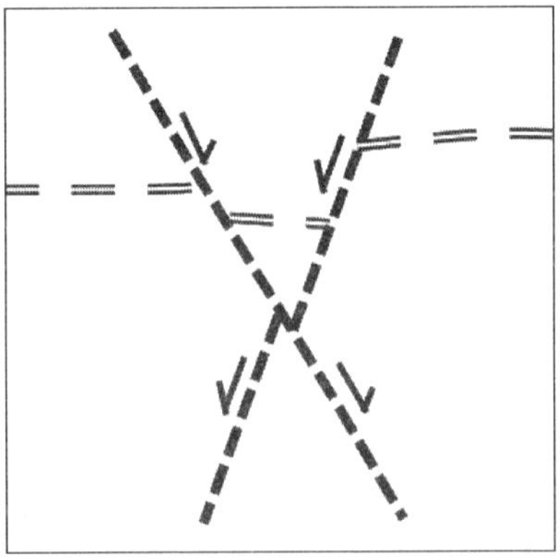

(o)共轭断层

图 3-7 正断层及相关的地质构造模式的解释模式示意图(据李东亮，2017 年，略有改动)(续)

注：黑色虚线位置为正断层，双虚线位置为标准层，单箭头方向为断层上盘的运动方向。

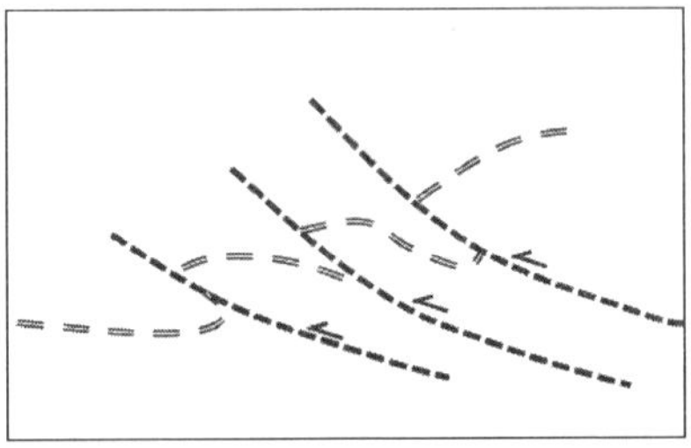

(a)递冲叠瓦构造

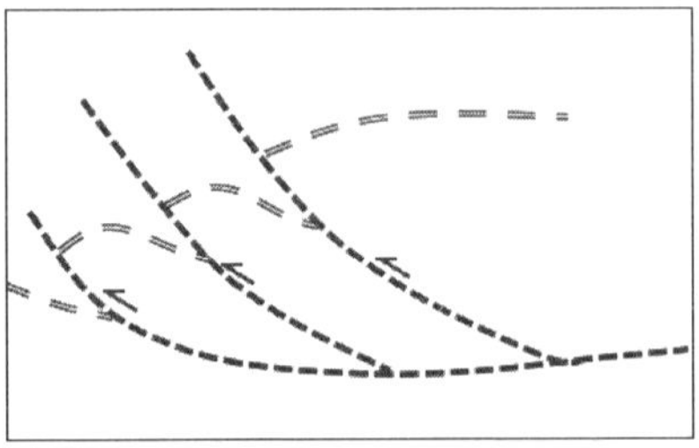

(b)叠瓦扇构造

图 3-8 逆断层及相关的地质构造模式的解释模式示意图

注：黑色虚线位置为逆断层，双虚线位置为标准层，单箭头方向为断层上盘的运动方向。

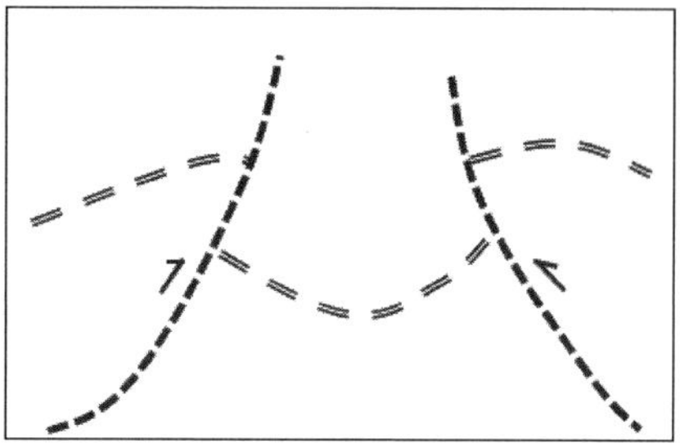

(c)对冲构造

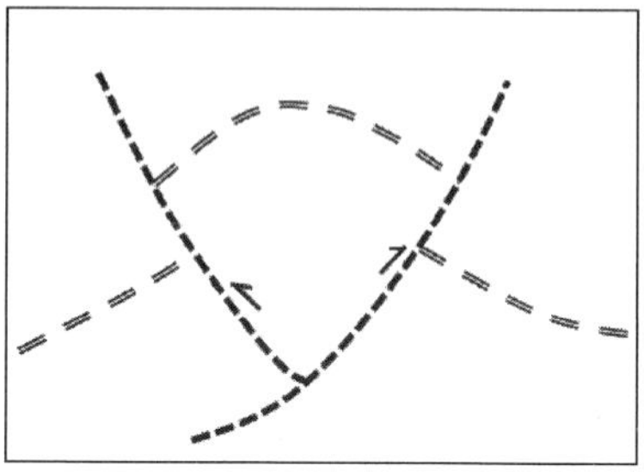

(d)冲起构造

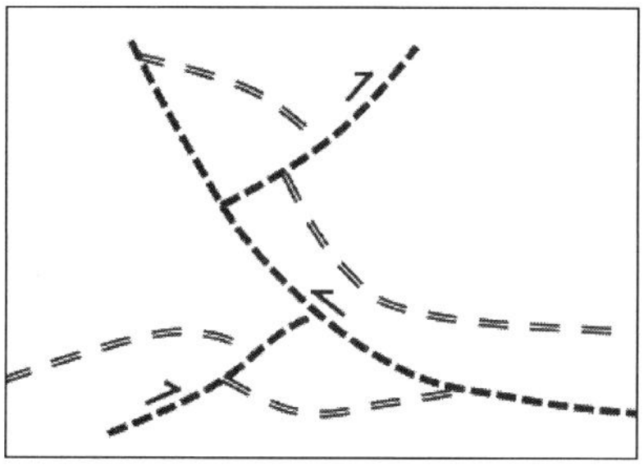

(e)前冲构造

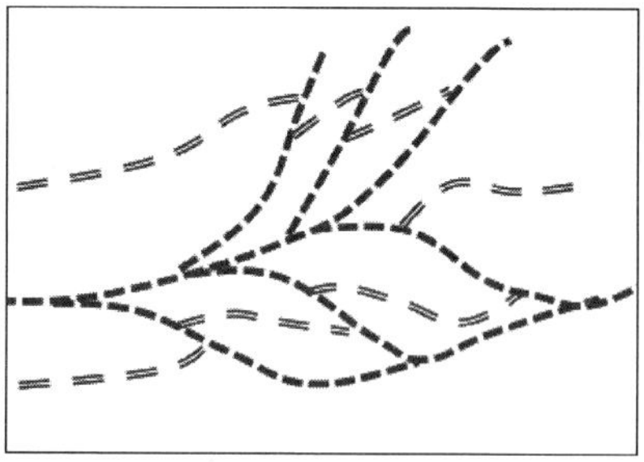

(f)双重构造

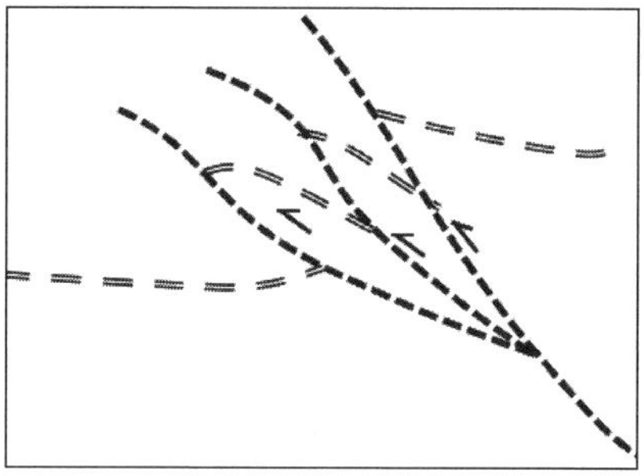

(g)基底卷入叠瓦扇模式

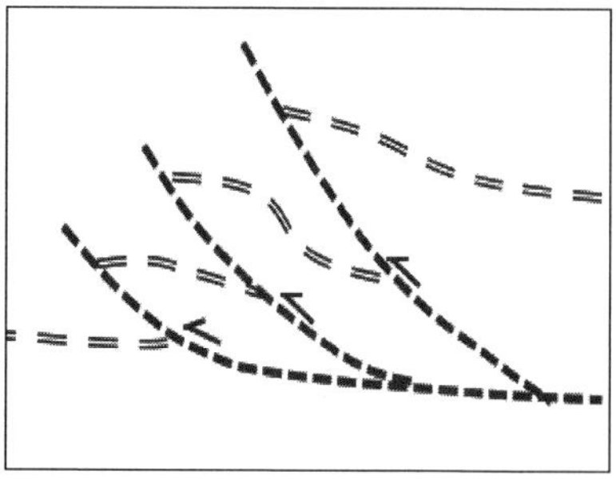

(h)盖层滑脱叠瓦扇模式

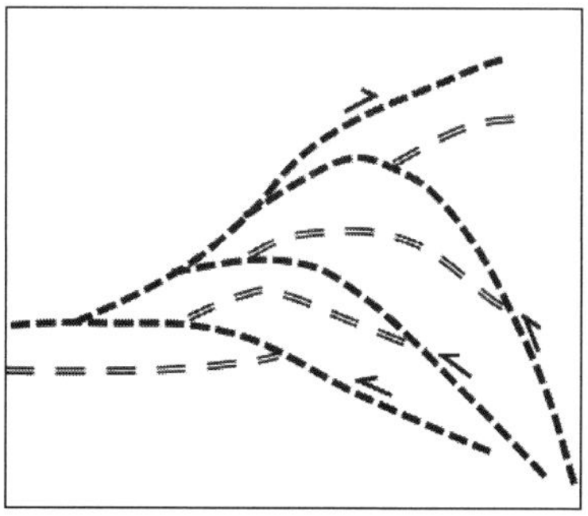

(i)基底卷入构造楔模式

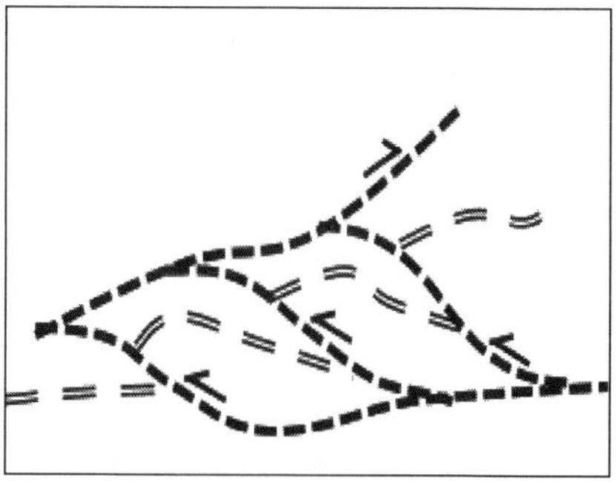

(j)三角式双重构造模式

图 3-8　逆断层及相关的地质构造模式的解释模式示意图(续)

注：黑色虚线位置为逆断层，双虚线位置为标准层，单箭头方向为断层上盘的运动方向。

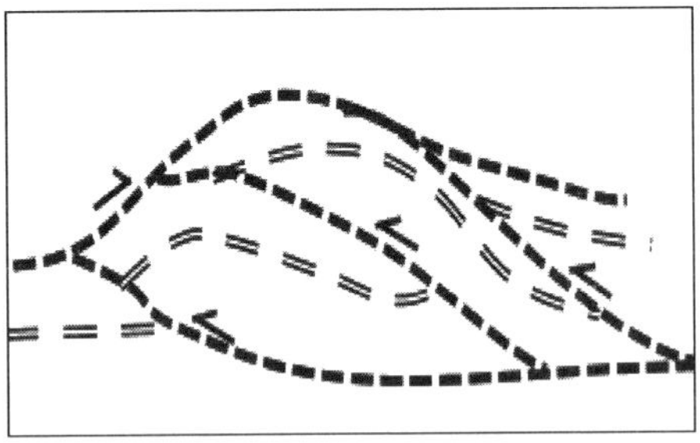

(k)被动顶板式双重构造模式

图 3-8　逆断层及相关的地质构造模式的解释模式示意图(续)

注：黑色虚线位置为逆断层，双虚线位置为标准层，单箭头方向为断层上盘的运动方向。

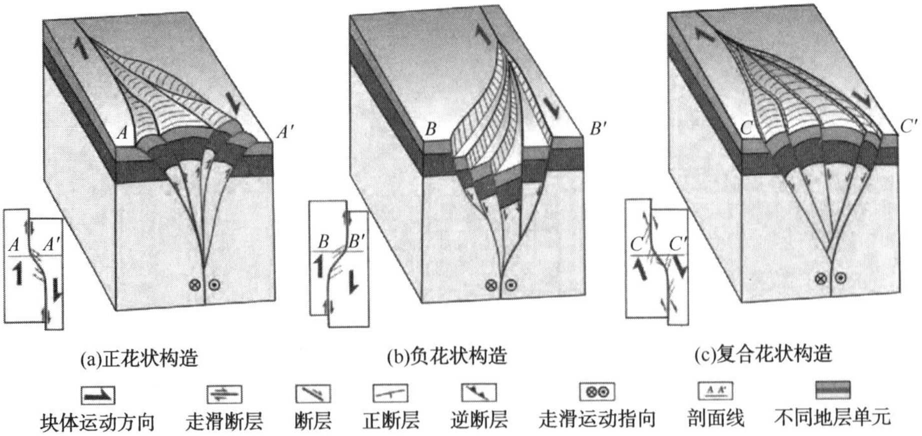

图 3-9　正花状构造及负花状构造、复合花状构造的解释模式示意图
(据黄雷等，2019 年，略有改动)

断层主要分为正断层及逆断层。正断层在地质上，是断层的上盘沿着断层面相对向下移动的一种断层，在地震剖面上，波组错动相对明显，绕射波及断面波可能相对发育；逆断层则是断层上盘沿着断层面相对向上运动的一种断层，其地震响应特征与正断层一样，其区别主要是上盘层位的运动方向相反。另外，构造与断层是相关的，不同的构造模式可以是不同断层体系的组合及变化，如正花状构造是由一系列的逆断层组成，负花状构造则是由一系列的正断层组成。所以，在关于断层的解释中，万变不离其宗，解释工作者通过熟悉相关断层的响应特征后，再进行一系列断层组合而识别出地质构造(图 3-11 ~ 图 3-14)，这样才能更好地解释断层。

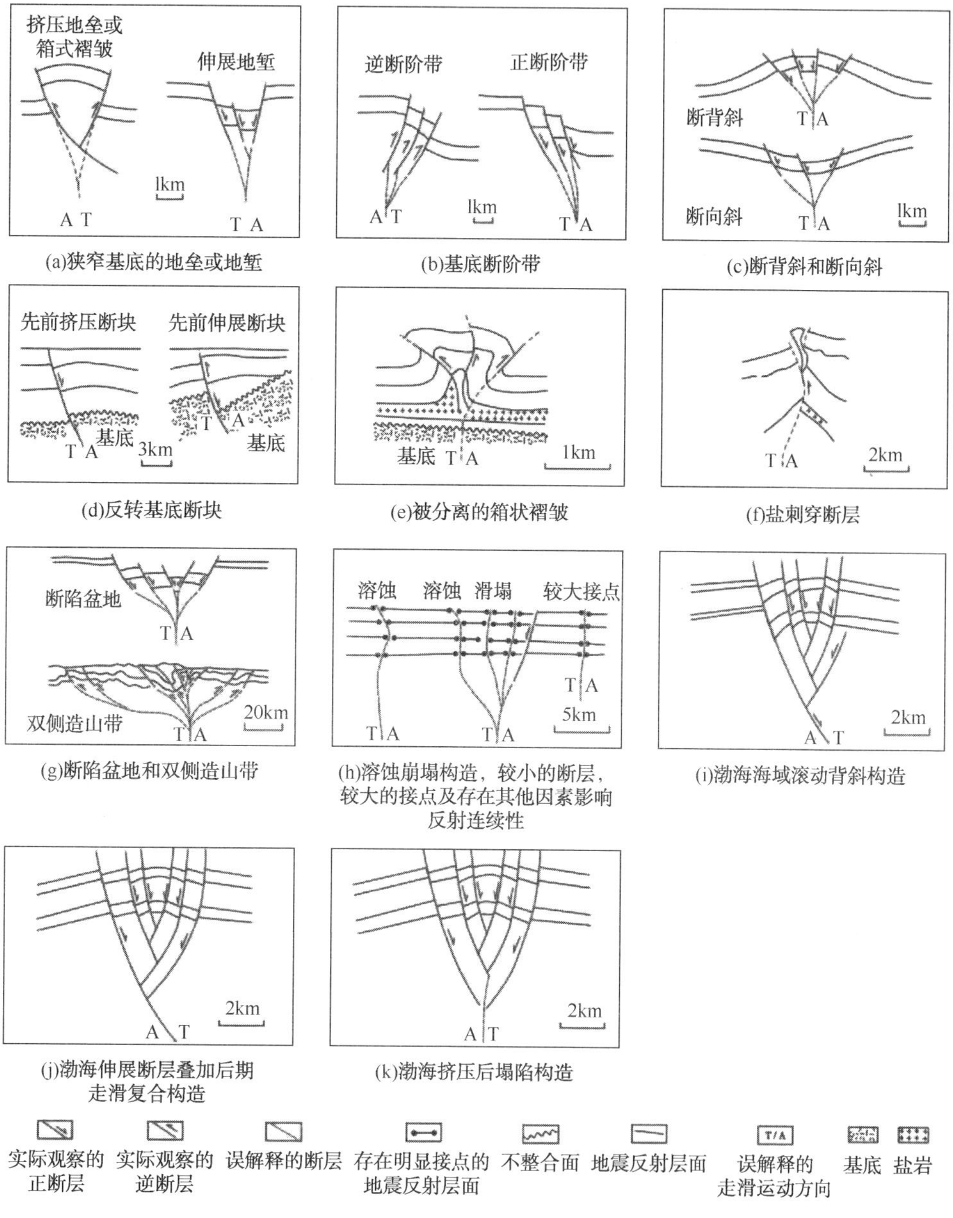

图 3-10　一些似花状构造模式示意图(据黄雷等，2019 年，略有改动)

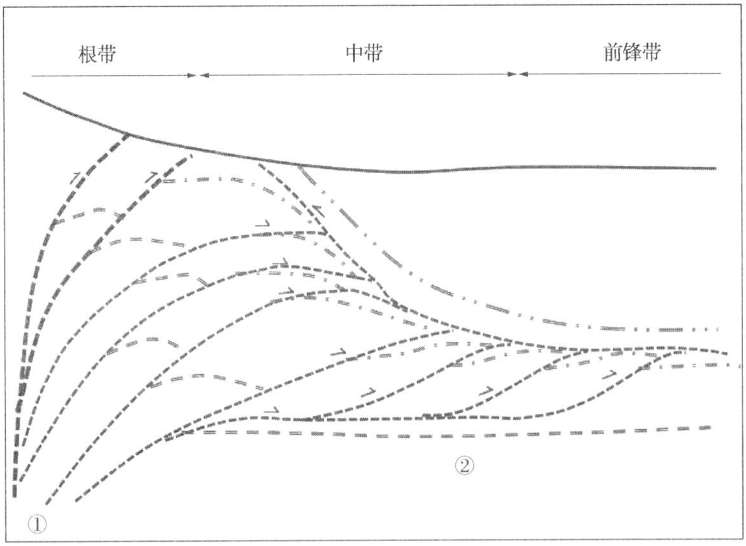

图 3-11　某勘探区内的 A 测线中的断层及构造模式示意图(据孙统，2020 年，略有改动)

注：①号区域内为基底卷入构造楔模式，②号区域为三角式双重构造模式，图中的黑色虚线为断层位置，单箭头为断层上盘的运动方向，灰色虚线及点划线为地层界面。

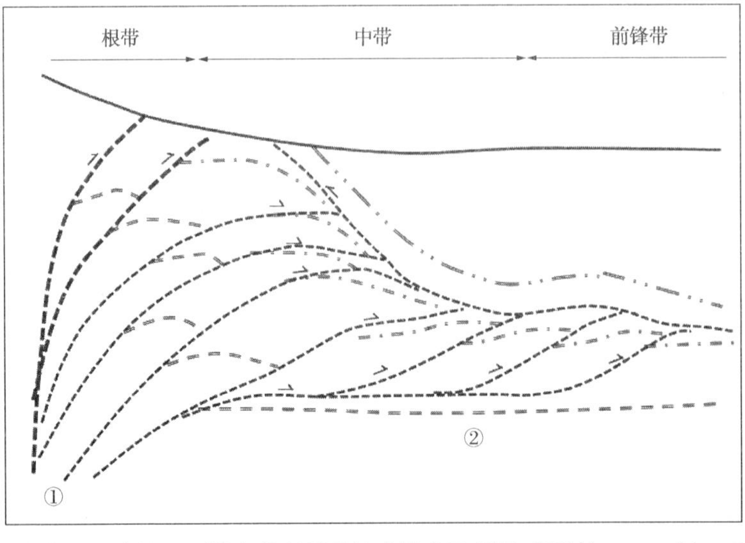

图 3-12　某勘探区内的 B 测线中的断层及构造模式示意图(据孙统，2020 年，略有改动)

注：①号区域内为基底卷入构造楔模式，②号区域为被动顶板式双重构造模式，图中的黑色虚线为断层位置，单箭头为断层上盘的运动方向，灰色虚线及点划线为地层界面。

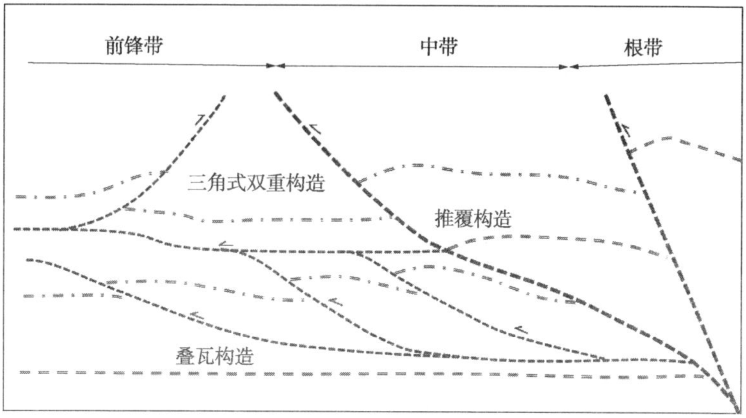

图 3-13　某勘探区内的 C 测线中的断层及构造模式示意图(据孙统，2020 年，略有改动)

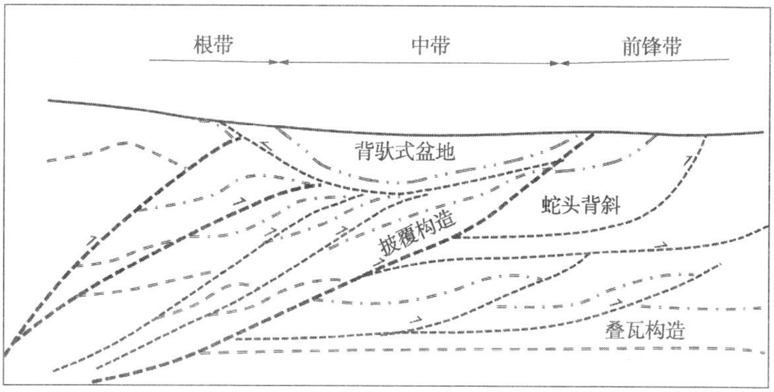

图 3-14　某勘探区内的 D 测线中的断层及构造模式示意图(据孙统，2020 年，略有改动)

3.4　断层组合特点

断层的组合就是如何将一系列的孤立断点以最佳的方式连成断层线和断层面的问题，因此，断层的组合主要包括剖面及平面组合。

3.4.1　断层的剖面组合

从地质认识分析上，断层不是孤立存在，一般是由多条断层组成一个断层体系。如在我国东部一些勘探区内，断层以正断层为主，并组合成一系列的断层系列，有的呈阶梯状，有的出现相交及切割，这是因为不同的地质历史时期，可能发育不同的断层，或者老地层中的断层在新的地质时期重新活动。另外，通过识别出地震剖面上的一系列断点位置，如何正确地连接这些断点而形成同一条断层，组合成断层体系是地震剖面中断层解释所要面临的问题。

因此，必须结合地质模式及地质经验，实施断层的解释。相关勘探实践证明，断层面一般表现为上陡下缓的模式，同一条断层，其相关的断点应该组成该模式。另外，可以掌握一些断层的切割及组合模式，如“Y”字形、“X”字形、反“Y”字形及“人”字形、“入”字形等。一般情况下，如断层在地层沉积后期出现，则其断开几个层位，但断距是不变或渐变的；长期发育的断层切割早期的断层，新断层切割老断层等。在对断层的组合实际操作中，应该先分析断层的性质，确定其所断开的地层位置，实施从易到难进行组合性解释。如在某勘探区内的断层解释中，结合相关的断点分析及组合，实施断层解释及组合(图 3-15、图 3-16)，如在图 3-15 中的①号区域，相关断层组构成“Y”字形断层组合；在②号区域，则正断层组成反“Y”字形断层组合；在③号区域，一系列逆断层组成正花状构造；在④号区域，则组成负花状构造。由相关的断层解释成果可见，该剖面上一系列断层解释是相对复杂的，在陆相地层及海相地层中发育两套断层体系，且相互之间具有一定的联系。海相地层中发育花状构造，逆断层相对发育；陆相地层中发育正断层，具有不同的构造特点。

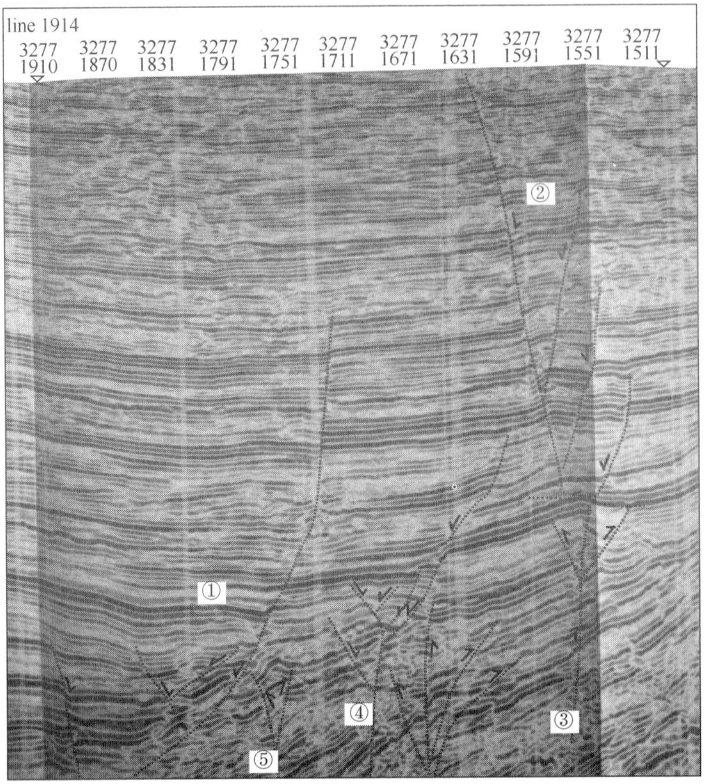

图 3-15 某勘探区内某条地震剖面中的断层解释模式示意图(据孙盼科等，2021 年，略有改动)

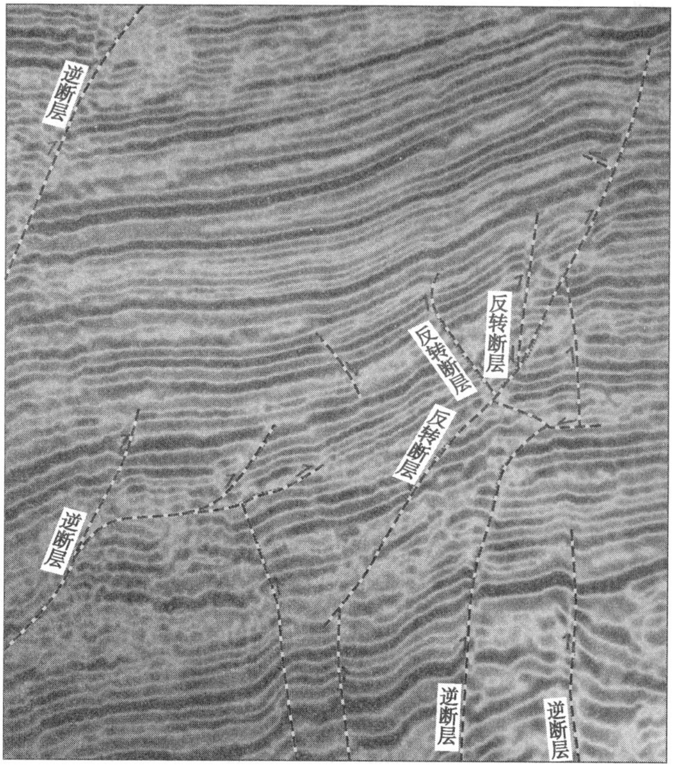

图 3-16　某勘探区内某条地震剖面中不同性质的断层解释成果示意图
（据孙盼科等，2021 年，略有改动）

注：断层上盘的黑色单向箭头指示方向为断层上盘的运动方向，从解释的成果来看，正断层及逆断层混合在一起，并且具有一定的垂向上的分区域性。

在实际操作中，可以通过相干分析，初步掌握全区断层的分布特征后，根据地震反射同相轴的错断、扭曲及振幅、相位的变化等特征，利用垂直地震剖面进行断点解释及闭合。在解释过程中，应该对每一条断层分别命名，以利于区分及进行平面组合；并依据同一条断层的性质、断距渐变及断层两边地层结构等特征，结合各种数据体（瞬时振幅、相干体）的水平切片和沿层切片分析，进行各条断层的断点数据的平面组合。在此基础上，利用三维可视化分析技术，结合区域构造运动及沉积演化特点，进一步检查断层解释及组合的合理性。

总的来说，要对地震剖面上的构造及断层做出合理可靠的解释，在一定程度上还取决于解释人员的经验、认识及对研究区内的褶皱、断裂等构造模式的掌握情况。

3.4.2 断层的平面组合

断层的平面组合是同一个层位上的断点在空间上的组合问题，即将属于同一条断层相同盘上的断点在平面上连接起来。为此，需要先把同一个层位的全部断点投影到平面图上，并在平面图上标示出断层上下盘中的断点位置、断开层位及落差、地层产状及隆起高点和凹陷中心点的位置等；然后把平面图上属于同一条断层的断点，按照断层的延伸方向连接起来，这个过程就是断点的平面组合。由于断层关系到油气的运移及聚集，大型断层还关系到工区内构造图的形态，所以断点的平面组合是相当重要的。

在落实断层及断点的过程中，搞清大型断裂展布的基础上，可以重点加强小断层的解释与组合。在这个过程中，可以采用计算与断层相关的地震属性分析法和断点解释及平面组合法，以此指导断层解释及平面上的组合。

1. 基于地震属性的分析技术

在对于断层的解释中，可以使用相关的地震属性数据体的剖面或切片(固定时间值或沿层属性切片)等辅助实施断层解释工作。在常用的地震属性数据体，主要有相干(或最大似然属性)及曲率数据体等实施断层甚至于低序级断层的解释工作，并且取得相当重要的成果及成功经验。

对于三维地震数据体中的任意地震道来说，当遇到地下存在断层或某个局部区域地层不连续变化时，一些地震道的反射特征就会与其附近地震道的反射特征出现差异，从而导致地震道局部的不连续。相干体技术通过各地震道之间的差异程度，可以检测出断层或不连续变化的信息。在已完成解释的测网基础上，沿层或水平切片提取相干信息，结合地震波组特征和地质分层数据，分析推断研究区内的断裂展布规律，以便确立总体的构造格局和控制性断裂在平面上的展布特征。

根据地震信号的相关性原理，可以采用第二代相干算法对三维叠后偏移数据体进行相干处理，获得三维相干数据体。如在某个勘探区的断层解释中，相干处理的各项计算参数，经过测试，一般分别选择为：相干道数为 9 道、相干时窗为 20ms、最大倾角扫描为 6ms。

对相干体应用水平切片和沿层切片技术，观察地震信号相关性在横向上的变化特征。通常情况下，当地层沉积稳定或横向连续渐变时，地震信号相关程度较好。反之，当地层沉积不稳定，岩性在横向上发生突变时，则地震信号的相关性变差，特别是当有断层或裂缝存在时，由于地层的连续性遭到破坏，断层两侧岩性发生突变或裂缝造成岩体物性上的差异，形成地震信号不相关或出现负相关，并呈现线状或杂乱状分布。因此，通过地震信号的相关特性，可以大致了解全区断层或裂缝的发育和展布特征。

从图 3-17 中可见某地区目的层段中的断层在剖面上的相干属性呈低相干特征，并且断层附近的低相干区域呈条带状展布，与人工解释的断层整体吻合较好。总的来说，断层附近的低相干属性(灰黑色)区域预测为微裂缝强发育或低序级断层的位置；此外，有的断层面附近的低相干属性区域出现局部强、弱分明的状态，推测该断层局部呈相对密闭状态，即断层所引起附近的裂缝发育有差异性。另外，断层面附近的低相干属性区域向断层外部延伸不远，这个情况表明断层附近的裂缝主要受断层的作用力影响而生成，影响距离与该断层的断距、作用力等有关。如逆断层的断距相对较大，则断层附近的低相干属性区域向断层面外延伸相对较远；断距小则断层附近的裂缝相对不发育且影响范围小，延伸距离不远。另外，使用最大似然属性也有助于对断层进行解释(图 3-18)。

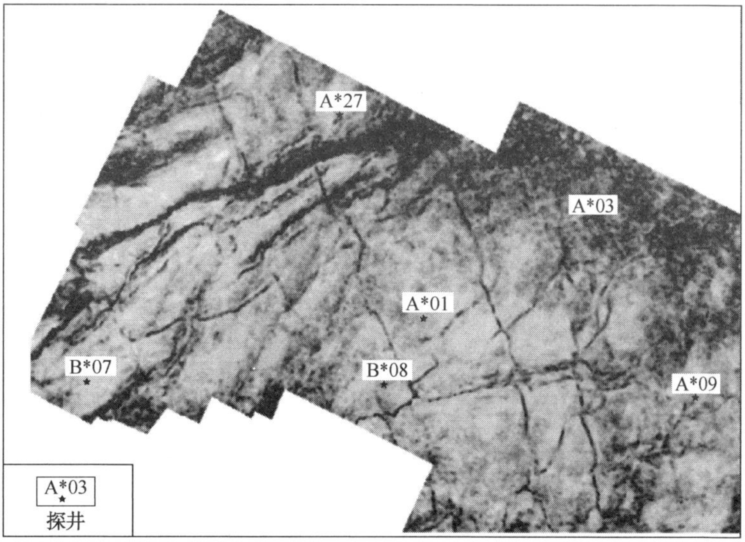

图 3-17　四川长宁某勘探区内利用相干属性数据体的沿层切片实施关于页岩层中的断层解释示意图(据肖红纱等，2022 年，略有改动)

注：黑色线条状为预测的断层，灰黑色区域为低相干属性区域(预测多条组合型断层及裂缝相对发育)，灰白色区域为高相干属性区域(预测裂缝相对不发育)，从图中可见北东东向断层对北西方向的断层进行切割，预示北东东向断层为晚期的逆断层，北西方向为早期的逆断层，裂缝发育强度以西北方向为最强发育，向东南方向则裂缝强度减弱。

此外，还必须注意不同的地震属性对断层的响应存在差异性。如在四川盆地的长宁海相页岩气勘探区内，使用相干及曲率属性的沿层切片或剖面等对断层解释的效果具有一致性及差异性(图 3-19)，特别是在对低序级断层的响应问题上，两种属性的清晰度不一样，总体上曲率属性更佳(图 3-20)。在长宁页岩气勘探区内的另一个利用地震属性(凌乱性属性)及人工结合实施断层解释中，可以根据地震属性及结合页岩目的层段的轻微错动实施断层解释工作(图 3-21)。

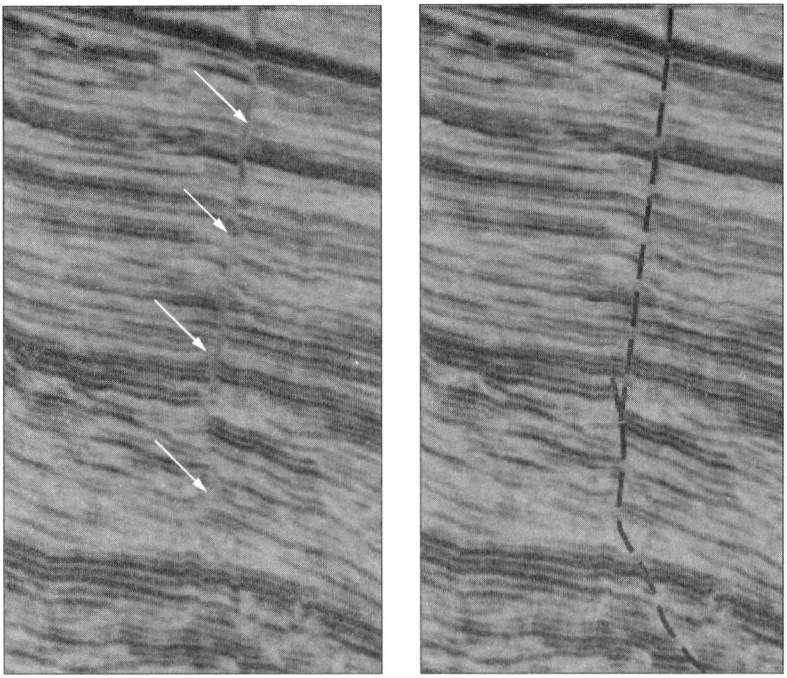

(a)最大似然属性剖面　　(b)据(a)进行的断层解释

图 3-18　某勘探区内利用最大似然属性数据体实施断层解释示意图
(据妥军军等，2020 年，略有改动)

注：图(a)中箭头所指示的位置为断点位置，图(b)中黑色虚线为解释的断层位置，可见两条断层呈搭接形态。

2. 断点平面组合

断层解释结果揭示断裂构造和断裂系统与沉积盆地的发展和演化密切相关，也是许多油气藏形成的基本控制因素之一。对各条断层解释后，在目标层的层位数据平面上进行断层多边形的编辑，并将断层多边形数据及层位数据进行平面成图作业(构造平面图)。总之，断层的解释相当重要，可控制构造圈闭(油气往往聚集的区域)及认识地层的破碎程度。所以，对断层的精细解释相当重要，并且注意相邻测线的断层解释结果、断裂解释模式及对以前相关断层的解释结果进行更新解释。

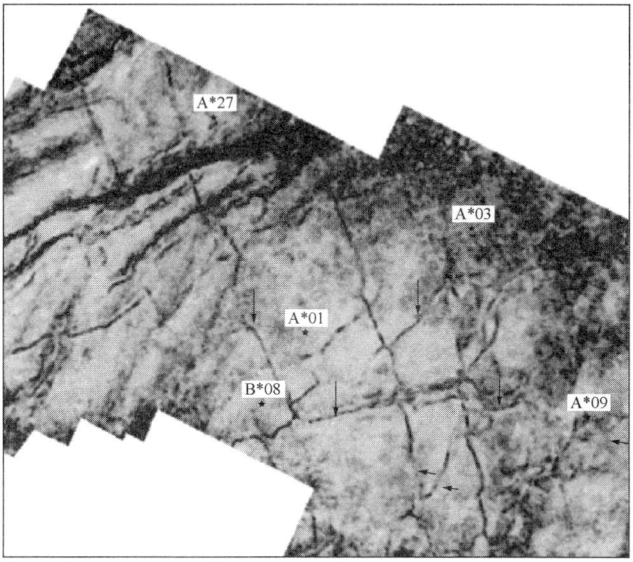

(a)相干属性平面图

(b)曲率属性平面图

图 3-19　四川长宁某勘探区内利用相干属性及曲率属性数据体的沿层属性平面切片 I 综合分析实施断层解释示意图(据肖红纱等，2022 年，略有改动)

注：两图中的垂直箭头所指示的同一个位置的断层位置具有一致性，水平箭头所指示的断层两者具有差异性，两图中的黑色线条指示断层位置，可见曲率属性相对比相干属性对断层的响应更好，这也是有些页岩气勘探区大量使用曲率属性预测页岩层中的断层及裂缝的主要原因。另外，深度域地震属性数据体在预测断层及低序级断层方面要比时间域地震属性数据体更佳(在曲率属性方面)。

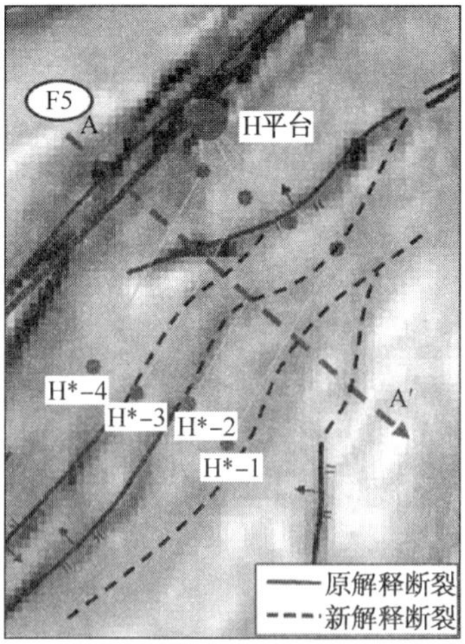

(a)相干属性平面图

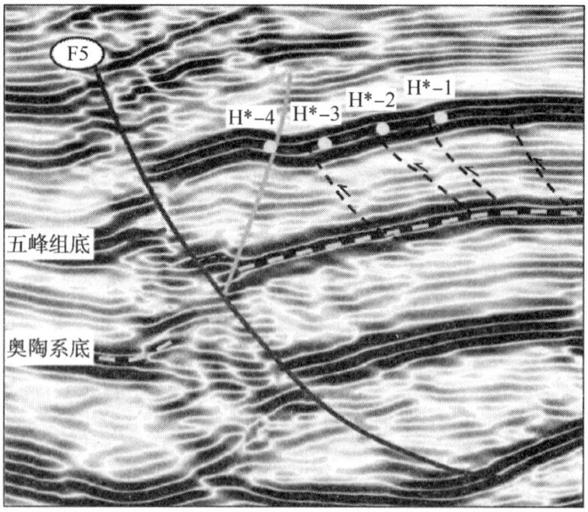

(b)AA′地震剖面[剖面位置见(a)]

图 3-20　四川长宁某勘探区内利用相干属性及曲率属性数据体的沿层属性平面切片Ⅱ综合分析实施断层解释示意图(据肖红纱等，2022 年，略有改动)

注：图(a)中的相干属性平面图中，黑色虚线为本次所解释的断层，断层呈北东—南西向，有的区域相对清晰，而有的区域则相对模糊。在图(b)中本次也精细解释出四条低序级断层(黑色虚线位置)，可以看到 H＊-1～H＊-4均布设在断层附近，H＊-4 位于两条断层所夹持区域，微裂缝相对发育，造成其加砂强度降低(1.7t/m)；H＊-3 次之，为 2.1t/m；H＊-2 及 H＊-1 相对较好，分别为 2.42t/m、2.3t/m。

断层的精细解释是落实圈闭及布设相关井位的决定性因素，原则上断层的解释越精细，则断层的走向及形态越准确，断层组合的精度也越高。如对某勘探区的断裂精细解释过程中，针对研究区内断裂系统极为复杂，较短时间内通过高密度的层位解释厘清断层的平面组合难度较大。在实际操作中，先对地震数据体进行构造导向滤波处理，再用分频相干多尺度断层成像，断裂聚焦成像及多属性融合处理等凸显断层平面特征，从而完成目的层的平面上断层组合及多边形的刻画。此外，在对密集的断层解释过程中，要分别对不同的断层进行命名，这样就能对其进行准确的闭合。另外，在平面上也便于对其进行组合及相关的断层多边形的绘制。在实际地震资料解释工作，由于对所有断层以左或右的名字进行命名，造成后续的断层闭合及平面上的组合困难。如对某区的地震资料进行断层解释工作，对相关断层的命名及不同的颜色分配达到 60 多条，这样就能相对容易地对不同的断层进行闭合、识别或平面组合，并且也不容易出现解释性的错误。在实际操作中，可以根据具体情况，将解释网格加密，有的研究区甚至需要将解释网格加密到 1 线×1 道。对断层的平面上组合分析，可以采用不同的时间切片实施断层及构造的平面分析(图 3-22)。

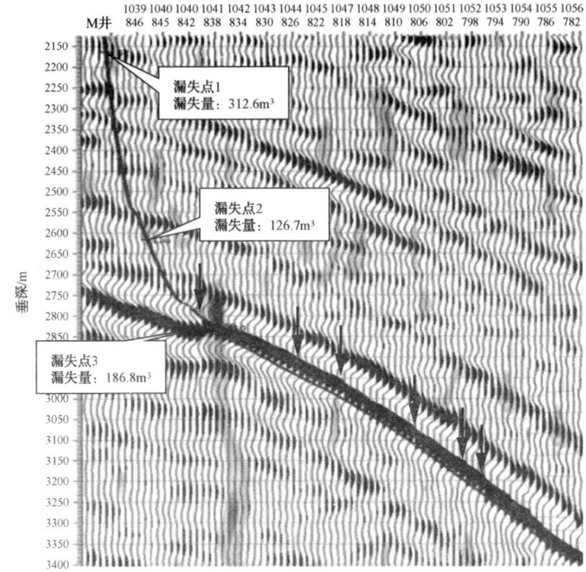

(a)凌乱性属性与地震剖面叠合图

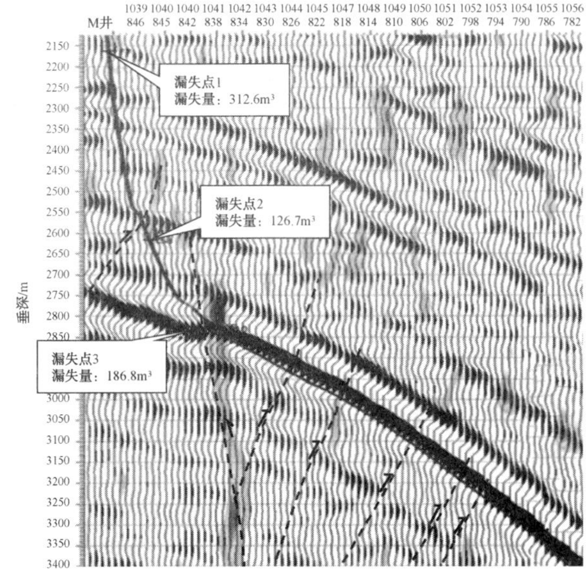

(b)断层解释成果

图 3-21 四川长宁某勘探区内对过 M 井的凌乱性属性及地震剖面数据的叠合显示实施断层解释示意图(据郑马嘉等，2021 年，略有改动)

注：图(a)中的黑色箭头所指示的区域显示出页岩层的轻微错动及错断，这可能是断层的响应，图(b)中的黑色单箭头为解释的断层上盘的运动方向。从水平井轨迹来看，水平井段明显存在 5 个漏失点，但预测漏失量不大，十几个立方米或几个立方米。

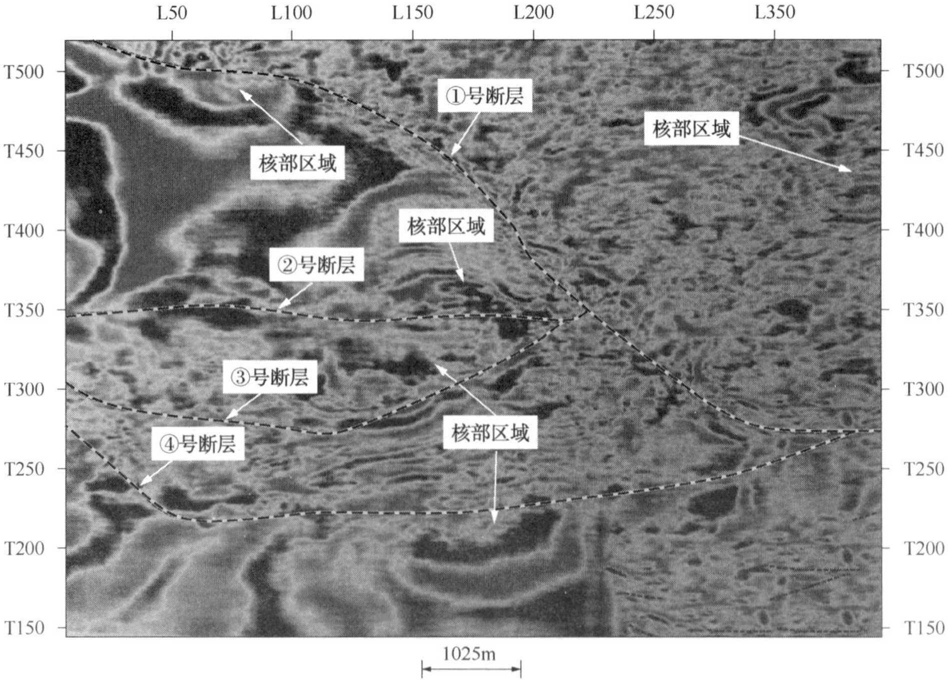

图 3-22　某勘探区利用深度域振幅切片实施断层平面组合示意图
(据周锦明等，2003 年，略有改动)
注：可见在振幅切片上，解释出①~④号断层，见黑色虚线位置。

3.5　断层的多解性问题

在实际的地震资料解释中，断层也具有多解性的问题。如在一些二维工区内，断层的解释就较困难，具有多解性。不同的解释工作者，甚至同一个解释工作者在不同时期，对相关的解释成果认可或否定，都是存在的。在一些复杂的山前带的断层解释，更是如此。如在川东一些高陡地带的地震资料解释中，钻探后与钻探前的解释成果存在差异，不同解释工作者的解释成果(图 3-23、图 3-24)也存在较大的差异性。在该区域的地震资料解释中，逆断层下盘所形成的倒转向斜，对相关的解释影响是极大的。因此，不同解释工作者的经验及判断能力、地震资料的偏移问题等，对于同一个地震剖面，也可能得到不同的解释结果(图 3-25、图 3-26)。

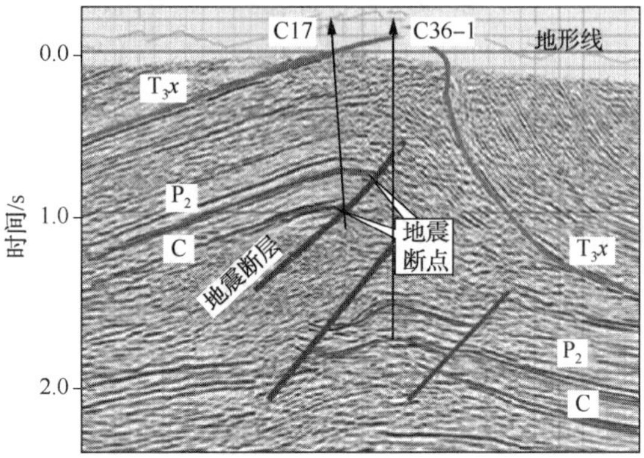

(a)某A测线的原地震资料解释模式

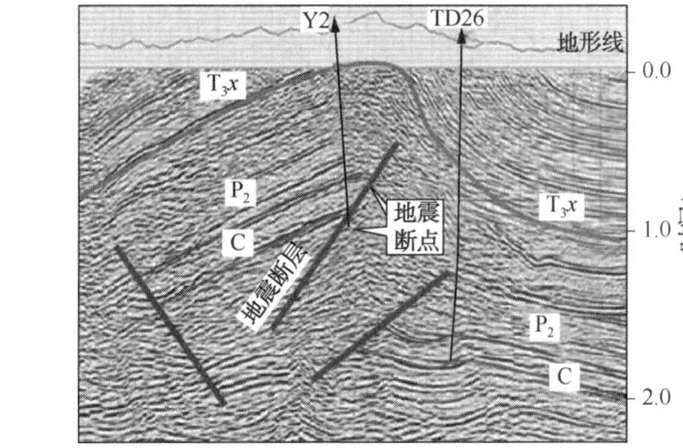

(b)某B测线的原地震资料解释模式

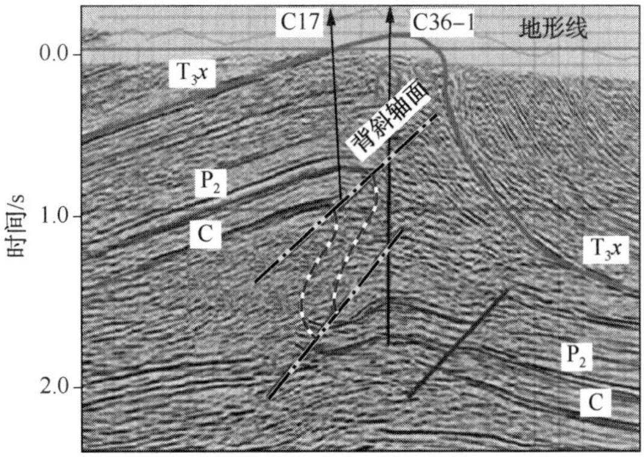

(c)某A测线的倒转背斜地震资料解释模式

图 3-23　四川盆地内东部某勘探区的关于倒转背斜的不同解释方案示意图（据梁顺军等，2019 年，略有改动）

注：图(e)~图(h)中的黑色点线为解释的断层，灰黑色虚线为解释的长兴组底界面[图(a)~图(d)中的 P_2]，灰色虚线为解释的石炭系底界面[图(a)~图(d)中的 C]。

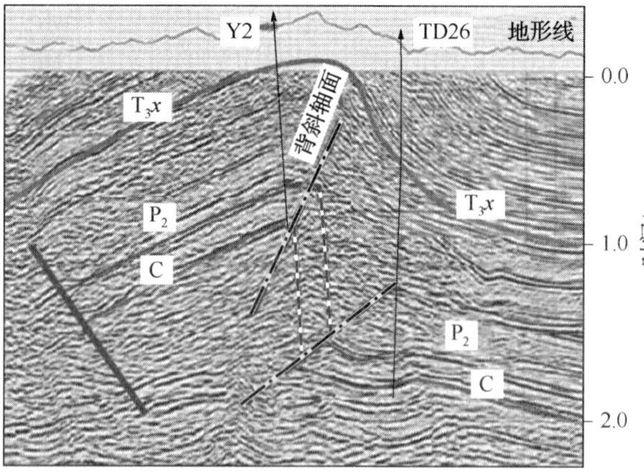

(d)某B测线的倒转背斜地震资料解释模式

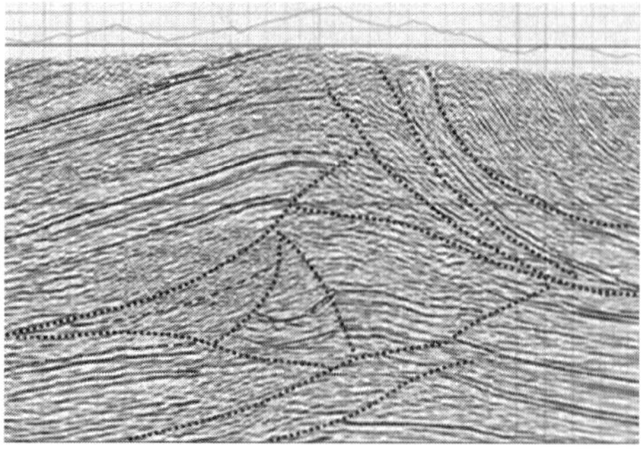

(e)本次对A测线的地震资料解释模式

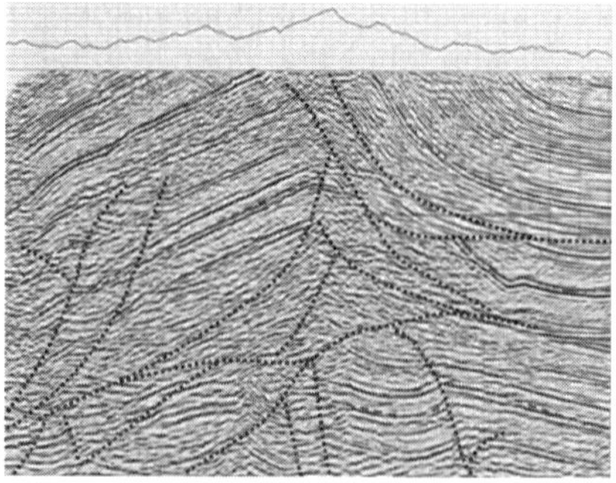

(f)本次对B测线的地震资料解释模式

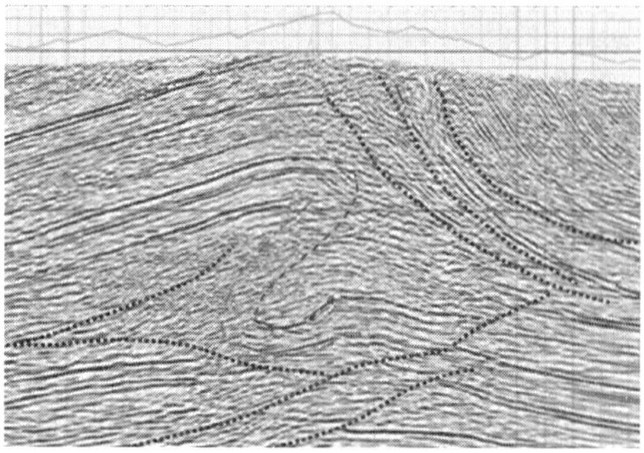

(g)本次对A测线的倒转背斜地震资料解释模式

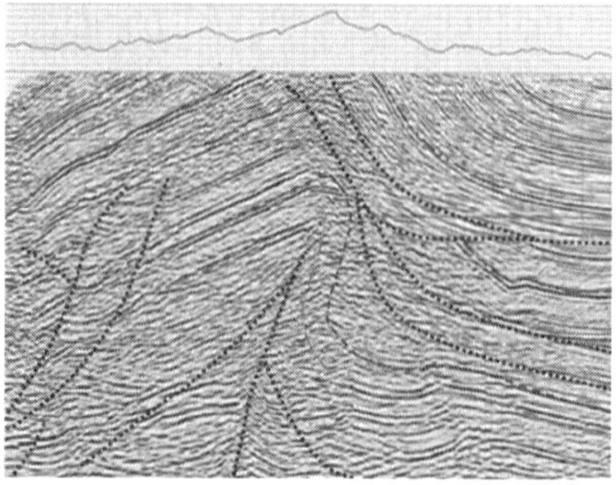

(h)本次对B测线的倒转背斜地震资料解释模式

图 3-23 四川盆地内东部某勘探区的关于倒转背斜的不同解释方案示意图（据梁顺军等，2019 年，略有改动）(续)

注：图(e)~图(h)中的黑色点线为解释的断层，灰黑色虚线为解释的长兴组底界面[图(a)~图(d)中的 P_2]，灰色虚线为解释的石炭系底界面[图(a)~图(d)中的 C]。

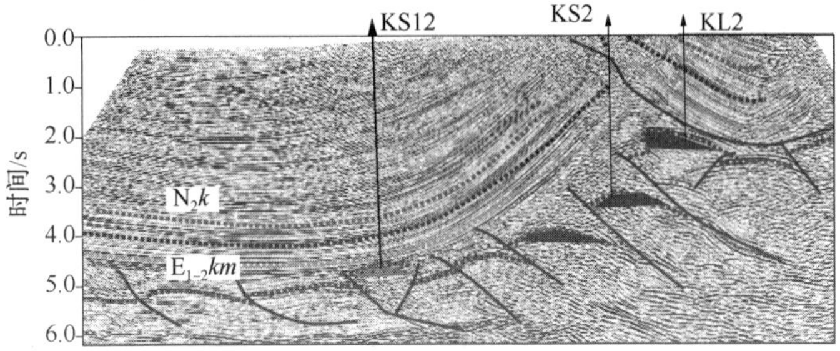

(a)某A测线的原地震资料解释模式

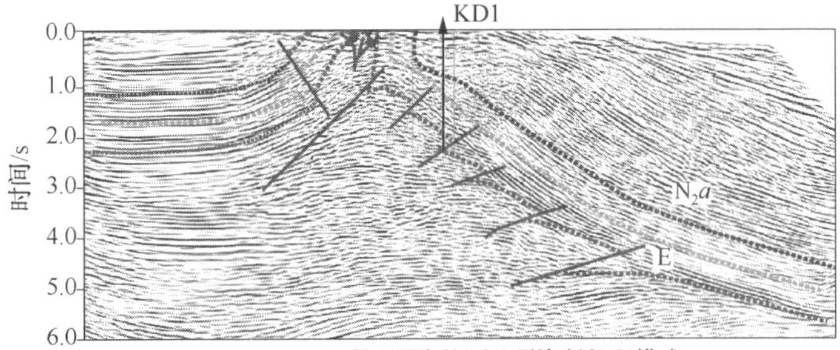

(b)某B测线的原地震资料解释模式

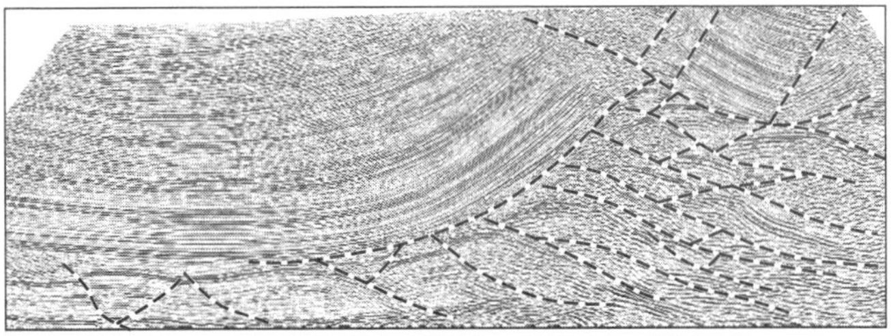

(c)本次对A测线的地震资料解释模式

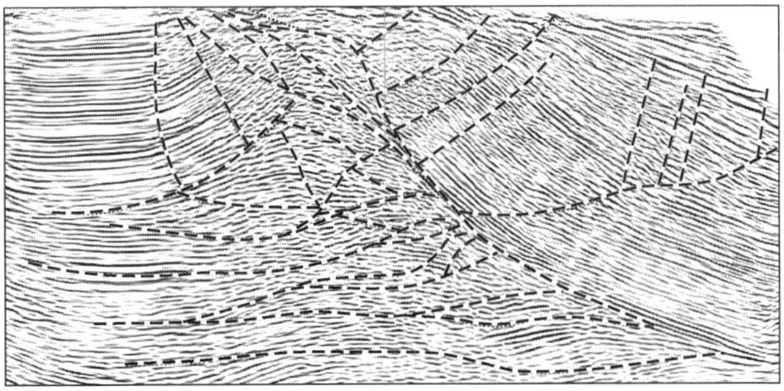

(d)本次对B测线的地震资料解释模式

图 3-24　山前带的两个勘探区的不同的地震资料解释方案示意图

（据梁顺军等，2019 年，略有改动）

注：(c)~(d)小图中的黑色点线为解释的断层，可见与原地震资料解释中的断层模式具有一定的差异。

(a)a解释员的解释方案

图 3-25 某勘探区内某条地震剖面内的不同解释工作者关于断层(黑色虚线位置)体系的解释成果示意图(据孙盼科等，2021 年，略有改动)

(b)b解释员的解释方案

图 3-25　某勘探区内某条地震剖面内的不同解释工作者关于断层(黑色虚线位置)体系的解释成果示意图(据孙盼科等，2021 年，略有改动)(续)

(c)c解释员的解释方案

图 3-25 某勘探区内某条地震剖面内的不同解释工作者关于断层(黑色虚线位置)体系的解释成果示意图(据孙盼科等，2021 年，略有改动)(续)

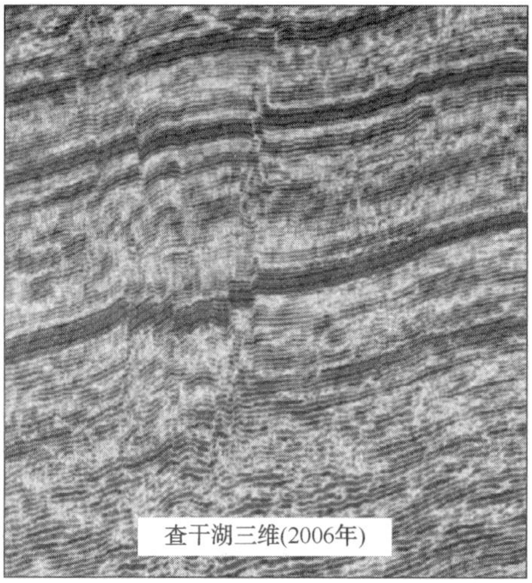

(a)原地震剖面

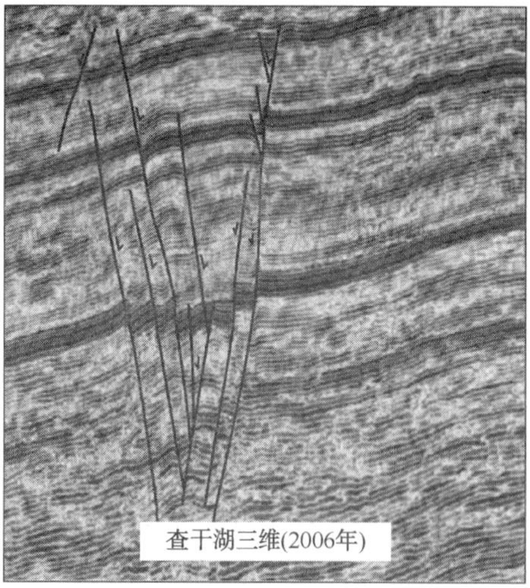

(b)正断层体系解释方案

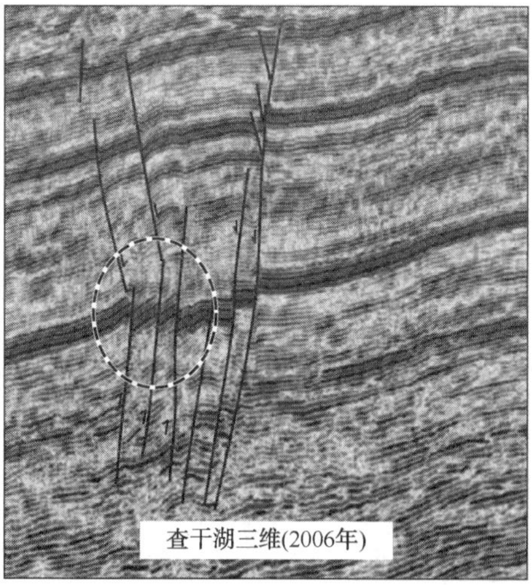

(c)正逆断层混合解释方案

图 3-26　查干湖勘探区内某条地震剖面内的不同断层(黑色虚线内)体系的解释成果示意图(据李庆忠，2015 年，略有改动)

3.6 断层解释实例

3.6.1 川东北勘探区

某些油气勘探区位于四川盆地东部，靠近盆缘，区内大型逆断裂发育，正断层不发育，具有较强的解释难度。近年来，四川盆地的长兴组礁滩相的油气勘探日趋成熟，并有向外甩开勘探的形势。另外，如在川东北的某勘探区，长兴组的油气勘探提上了议事日程。由于川东相关勘探区内构造复杂，断层多且地层相对破碎。因此，对该区的二维地震资料解释极具挑战性。

3.6.1.1 地震资料断层解释

在勘探区内有 N 口钻井，利用该井的分层资料进行合成记录标定，从而确定解释的主要层位。应充分了解该区的构造特征及目的层的反射特征、大型断裂的分布形态、地层的厚度变化等，并根据地震资料解释的方法及经验，进行断层及层位的解释。

从相关的地震剖面上看，逆断裂系统相对复杂。断裂形式主要以“Y”字形居多，断层之间存在相互切割、反射杂乱及目的层段难以追踪等特点。总的来说，盆缘构造复杂，具有多期次应力叠加的特点(图 3-27)。另外，在对地震资料解释过程中，首先，要注意剖面边缘的斜层干扰(偏移造成的)，要正确地解释出地层及断层的正常形态(图 3-28)；其次，要注意相邻地震剖面的层位及构造的相似性实施解释。在地震解释的过程中，要对地震资料的闭合差进行检查(图 3-29)。一般闭合差不能大于 20ms，这样才能保证解释结果的质量，也有利于断层的闭合(指导相交剖面上断层的解释工作)及分析，对断层点进行正确的组合，形成一条断层。

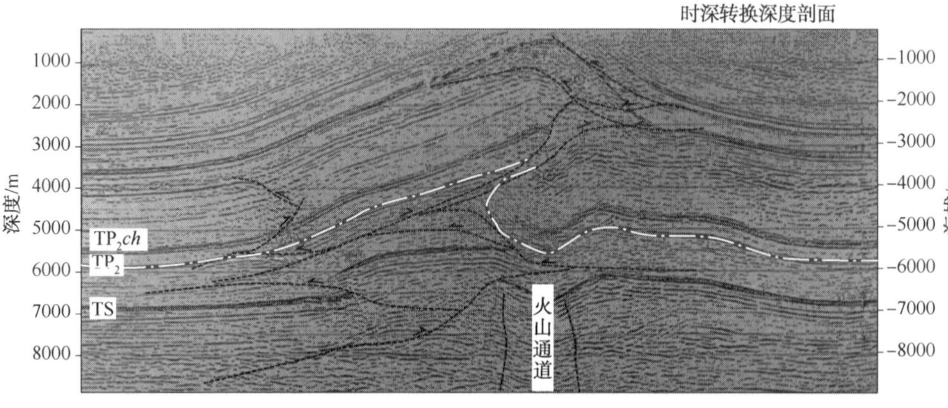

图 3-27 四川盆地川东大池干井勘探区地震资料的解释成果示意图
(据四川石油管理局，1990 年，略有改动)

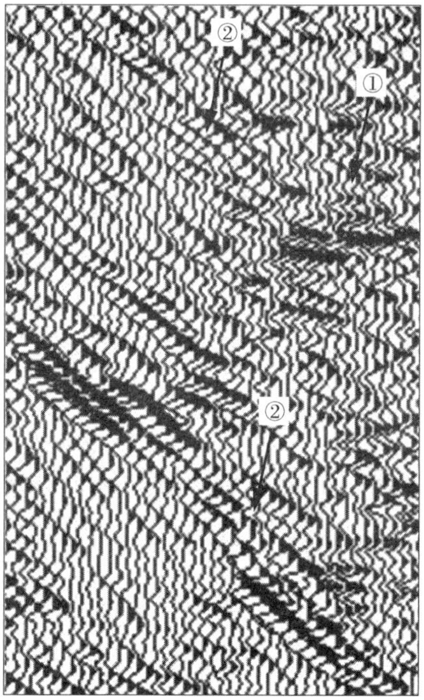

图 3-28　某条测线中的地震剖面边缘及侧面干扰示意图(①为正常地层反射，②为偏移造成的干扰)

注：这些边缘或侧面干扰等往往容易被误而解释为断层，解释工作者要十分注意这种情况不是断层所造成的。

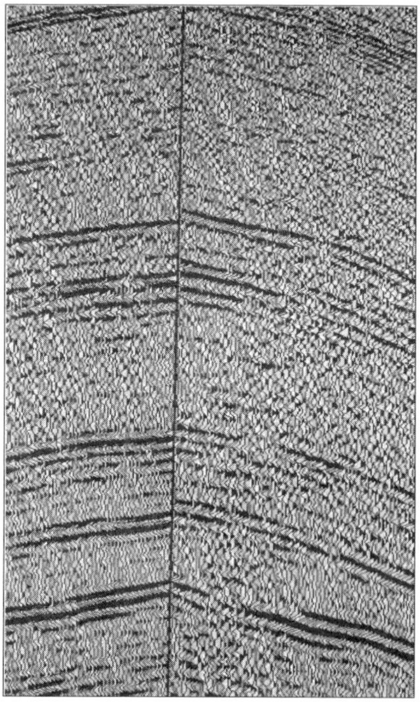

图 3-29　利用测线闭合交点附近进行地震测线之间的反射层的闭合差检测

注：可以看到两个剖面中的波组存在一个波长周期的闭合差，在断层解释中要十分注意，断层点位置要在另一个剖面上移动一个闭合差，使其正确地投影进相邻的剖面上进行相关断层的解释。

3.6.1.2　断层组合

在实际断层组合中，主要根据各种断层在剖面、平面分布形态、产状及切割关系等进行组合。在解释中，首先，对断层分配上不同的颜色及名字，这样对二维地震资料的断层闭合解释非常有好处；其次，根据区域内的构造形态，组合相关的断层形态；接着，一边组合同一条断层，一边在地震剖面上进行断层分析及判断，并利用交互显示功能确定出相关的断点及断距；最后，对断层进行平面组合完成后，落实各个断点均已组合完毕，否则要重新进行组合。另外，在断层组合中，还要根据相关层位的埋深情况或地层深度的突变确定断点位置。

如在川东北普光地区的断层解释及组合中，可以根据层位的断开形态及断层造成地层的重复(或称增厚)及减薄等形态，在剖面上进行断层解释及相关断点组合，形成一条断层。同时，也要注意断层解释的多解性问题，在某条测线上，也存在断层解释的多解性(图 3-30)。

(a)层位识别及确定的地震剖面

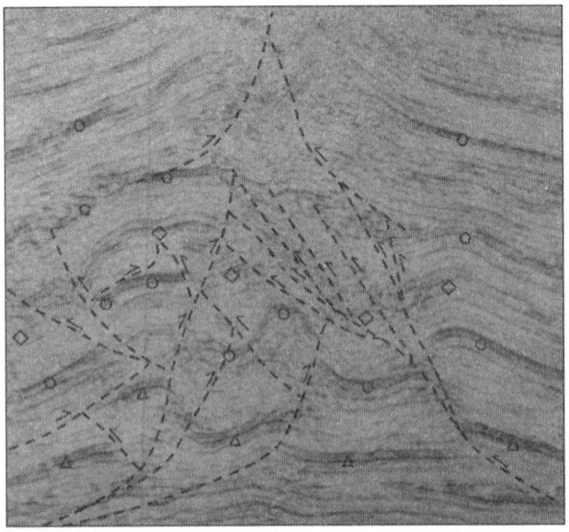

(b)断层解释模式一

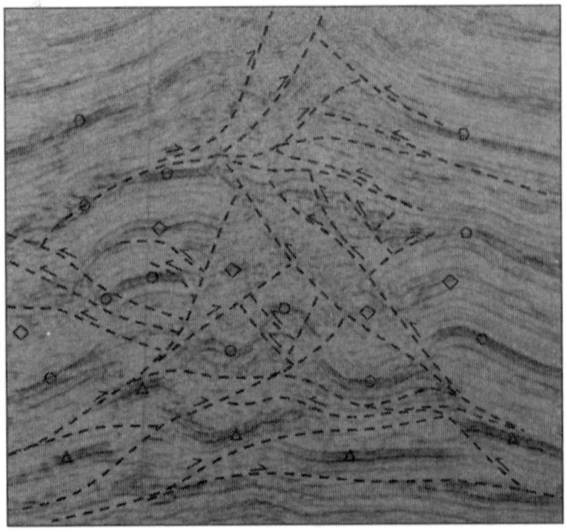

(c)断层解释模式二

图 3-30 川东北普光地区的某地震测线上的层位及断层解释示意图
(据牟书令等，2009 年，略有改动)

3.6.2 川西北勘探区

对于碳酸盐岩储层来说，准确地对该储集体进行解释及刻画，在实际勘探中是相当重要的。因此，相关的地震资料的层位解释及断层解释成果，比常规地震资料的解释更严格。如在四川盆地及塔里木盆地的碳酸盐岩储层(缝洞型储层)的勘探中，精细地解释出断层系统是相对重要的；另外，对于生物礁勘探来说，精细地解释出不同期次的生物礁，对其布设勘探井或水平井位置，也是很重要的。

如对于川西的茅口组及栖霞组的缝洞型储层来说，研究区内的断层解释是重要的。如从对川西的双鱼石勘探区内的 A、B 测线的地震剖面(图 3-31、图 3-32)来看，从西北到东南方向，构造形变由强逐渐减弱。并且在相关深度域地震剖面中的背冲、对冲型逆断层相对发育，从而形成断洼(向斜)及断隆型(背斜)构造。在深度域的地震剖面上，由所解释的断层形态可以看出，断层产状往往呈高陡状，在其下端近乎直立状，并与基岩中的热岩体(如岩浆岩体等)有某种联系。其中，断层及其附近成为热液的上升及循环通道；并且热液作用对栖霞组的断背斜、向斜区域均有影响，是两者白云岩化的重要条件。鉴于此，下面就某勘探区内的 A 及 B、C 地震剖面中的一些地质现象进行简单分析及阐述。

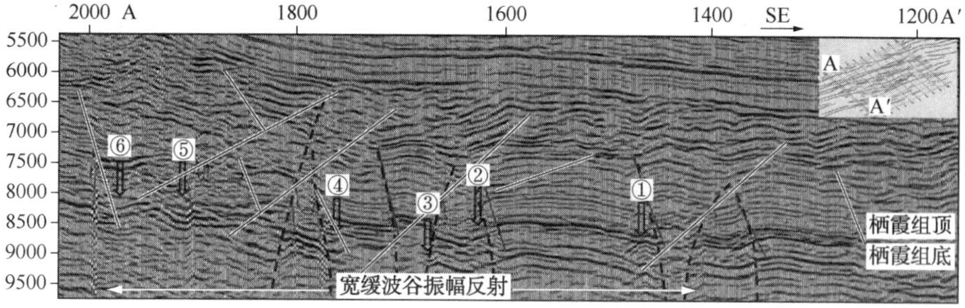

图 3-31　川西北地区 A 测线的深度域地震剖面解释示意图(据蒲柏宇等，2019 年，略有改动)

注：黑色虚线为本次解释的断层系统，灰色细实线为原解释的断层系统，注意这些断层呈高角度及直立状，为明显的走滑断层，对沟通下部的烃源岩相当的关键。

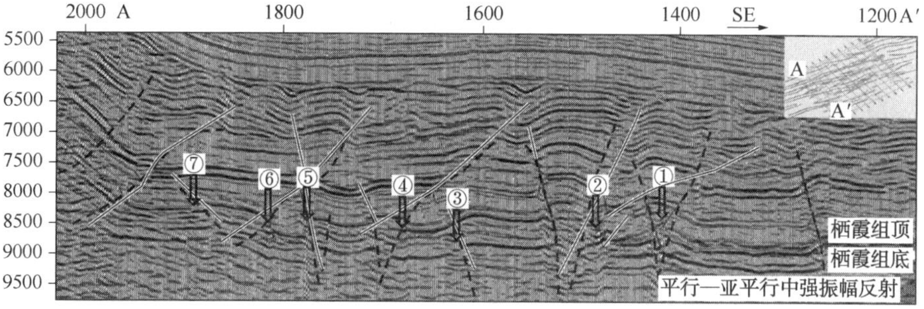

图 3-32　川西北地区 B 测线的深度域地震剖面解释示意图(据蒲柏宇等，2019 年，略有改动)

注：黑色虚线为本次解释的断层系统，灰色细实线为原解释的断层系统，可见逆断层背冲所形成的背斜构造，此外，也注意这些断层呈高角度及直立状，为明显的走滑断层，对沟通下部的烃源岩及储层相当的关键。另外，其上部的盖层及膏盐岩层相对完整，对油气保存相当有利。

(1) 在深度域地震剖面 A 中(图 3-31)，①号箭头所指的区域，在地震反射上有绕射现象、两翼的绕射强度相对较强；绕射强度从上到下呈减弱态势，该区域位于断层的下盘；绕射顶部呈上拱状、强反射特征，从上至下均有该反射特征，推测为一小型火山通道。②号箭头所指的区域，在地震反射上反射波系整体上呈现出下塌、杂乱强反射等现象，单侧绕射波强发育，并对断层反射进行干扰，该区域位于逆断层的下盘。③号箭头所指区域，出现凹状反射特征，凹状反射波的中心区域为强反射波峰，向两侧渐变弱，上下形态稳定，也可以推测其为一小型岩浆岩的热液通道，与之类似的有④~⑥号箭头区域。总体来看，越往西，则地层中的岩浆岩喷发通道越大且相对发育；越往东南方向，热液通道则与断层相关，并沿断层向上对冷海水进行加热，并实现这一关于海水的冷热循环过程。此外，对地震剖面上海、陆过渡带的膏盐岩体进行分析（短簇状强反射、杂乱反射区域），可见其厚度相对较厚，有利于对下部海相地层中的油气进行封闭，是优良的盖层。另外，在⑤号、⑥号区域，可见地层发生强烈的揉皱、叠加及复杂的断层切割等现象，这些区域的地震资料解释具有多解性及挑战性，相关目标地层不能在该区域实施追踪性解释及识别，推测为大规模岩浆岩体侵入所造成这种改变。另外，这些高陡直立状的断层证明为烃源断裂，可以沟通下部的储层及烃源层，使油气向上部的茅口组及栖霞组等储层进行聚集。

综合上述的地震资料解释结果，可以认为该地震剖面西部的龙门山大型断层对其沉积影响较大，并且由于龙门山断裂的切割深度大、构造作用剧烈，对基岩的火山群喷发及溢流有巨大的影响。另外，在沉积方面，对栖霞组的滩相的生成也有影响。此外，随着盆地内部远离龙门山大断裂，其断裂构造活动相对减弱，并且背斜形态在平面上相对拉长。

（2）在深度域地震剖面 B 中（图 3-32），①号箭头所指的区域，在地震反射上有杂乱现象，两侧为逆断层（图 3-32 中的虚线位置）所夹持，断层在下部合并，且呈直立状。②号箭头所指区域，表现为凹状的反射波，推测为岩浆岩或别的地层崩塌区（由基底地层岩溶所产生的溶洞反生上覆地层塌陷所引起），这些崩塌区也为热液循环提供了通道；该区域的右侧也为两条呈“Y”字形逆断层所夹持，并在下部进行汇合。③号箭头所指区域，层间具有多次反射波，并且位于断层下盘区域，推测也是一个岩浆岩的热液通道，这个特征在④~⑦号箭头所指示的区域中也存在。

此外，从地震剖面的左侧来看，地层倾角较大，可达 45°以上（图 3-32 ⑦号箭头左侧）。而其右侧的地层相对较平，预示着龙门山的推覆作用发生剧烈的减弱状，或为⑦号箭头左侧断层所遮挡，造成对右侧区域的构造作用减弱，并对这些区域的储层中的油气保存相对有利。总的来说，直立状走滑断层的出现，对该区域内的油气运移、储存具有相对重要的意义（图 3-33）。

在川中磨溪地区的下组合油气勘探中，与川西北相关勘探区一样，大型走滑断层的存在，对油气运移起到相当关键的作用（图 3-34）。一般情况下，油气沿走滑断层上升，当遇到有利储层及岩性圈闭，在储集体的保存条件较好的情况下，会在储集体中储存起来。

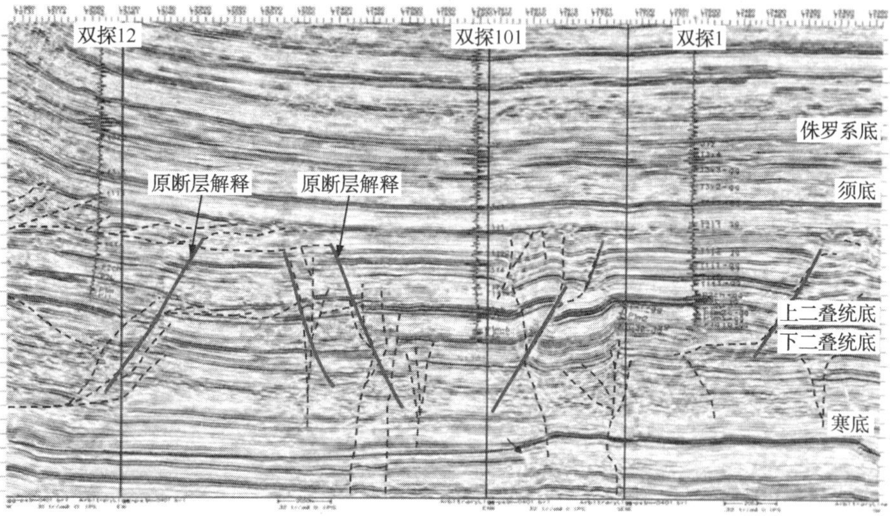

图 3-33　龙门山山前带双鱼石勘探区某连井地震剖面中断层解释成果示意图（据李艳，2018 年，略有改动）

注：黑色虚线为解释的断层位置，灰色实线为原断层解释成果，注意黑色箭头所指示的地震反射终止现象，推测为大型台地下的滩相储层。另外，可以见到大型的直立状断层发育(或见似花状构造)，该断层(构造)具有通源性质，并且止于雷口坡组底部的膏盐岩层内。此外，注意山前带的低角度逆断层。

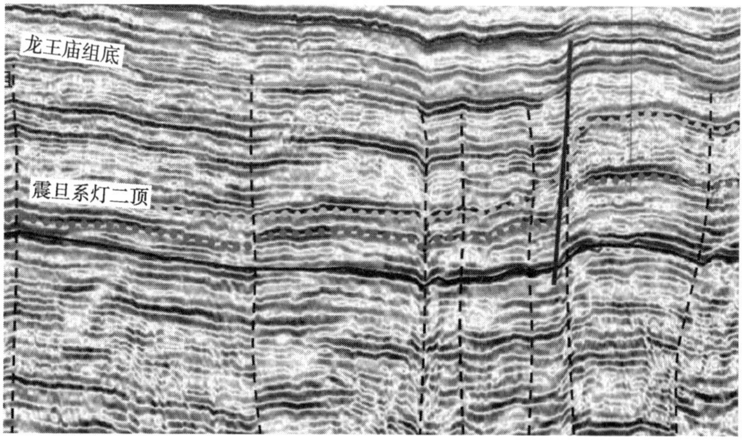

图 3-34　川中磨溪勘探区地震剖面中下组合地层中出现的大型走滑断层（黑色虚线位置，典型的烃源断层）解释成果示意图(据谢武仁，2019 年，略有改动)

(3) 在某些深度域地震剖面 C 中(图 3-35)，可见三条逆断层的下部相对直立，并插入基底地层中，造成相关地层的两侧地震反射发生差异，但断层的下部错断距离不大，推测断层具有走滑特征，可借鉴哈拉哈塘勘探区内的走滑断层特征(图 3-35)。另外，从川东南相关的茅口组热液白云岩的勘探经验进行借鉴及分析，可以推测川西地区的断层(下插到基底的断层)或其他岩溶塌陷通道等古通路具有对冷海水的热循环功能，致使加热后的海水上升，而冷却的海水重新进入通道；另外，断层作用导致其古地貌处于高部位，对相关滩相的形成、古生动植物繁育等提供了条件。因此，这些热液通道(断层区域)对上部碳酸盐岩岩石的白云岩化、古生动植物的生长及发育提供了帮助，从而有利于该地区的栖霞组储层改造的完成，成为一种与古生物、白云岩化、滩相等相关的优良储层。

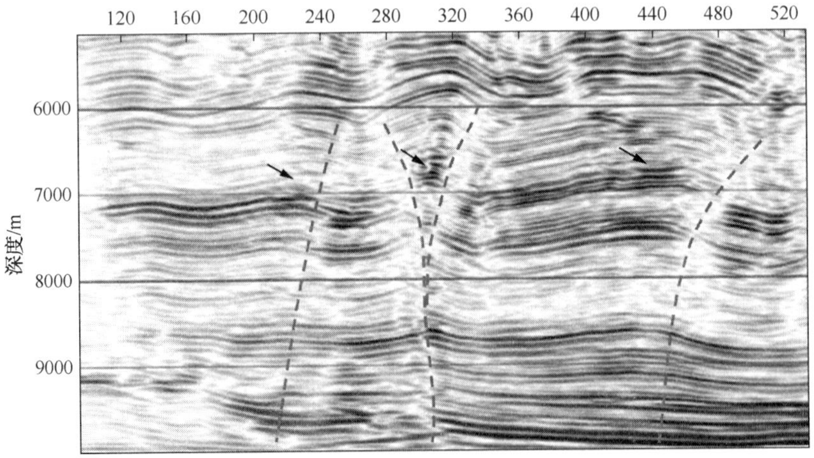

图 3-35　川西北地区 C 测线的深度域地震剖面中断层解释示意图
(据王宇峰等，2020 年，略有改动)

注：断层所引起的背斜构造圈闭，出现其顶部变平现象(箭头所指示位置)，预测为“平点”及“亮点”强反射现象，应为富含油气所引起，这些背斜圈闭值得实施勘探井布设。

3.7 讨　　论

在地震资料解释实践中，由于相关的地震资料解释工作者的经验、认识及地质模型、理解等方面的不同，还有解释的精准性、责任性及地震资料品质问题，都可能会导致地震资料多解性的产生。如在某一个勘探区，对某一条地震测线的解释，早期的一些解释工作者认为其为火成岩侵入体所造成的杂乱反射，并解释出火成岩体的边界(图 3-36)。但是后来的一些勘探者认为，在该区域内存在一些解释问题，并且举出几点意见：①地震剖面中的杂乱反射均位于中、深层，而从邻区的钻井资料的地层对比认为，该段应为下古生界地层出现的部位，由于全盘地下古生界地层内火成岩侵入少见，火成岩多堆积在上古生界的二叠系地层之中，故认为地震剖面中的杂乱反射不是火成岩；②该区域的重磁和遥感资料也均未发现火成岩体引起的异常(图 3-37)。纵观这两种解释方案，图 3-36 的解释方案，一个最大的问题是对地质异常体的边界刻画不够准确，从而造成解释结果不能接受；另外，图 3-37 的解释方案也存在一定的问题，如断层下部的异常体的解释仍未给出结果。

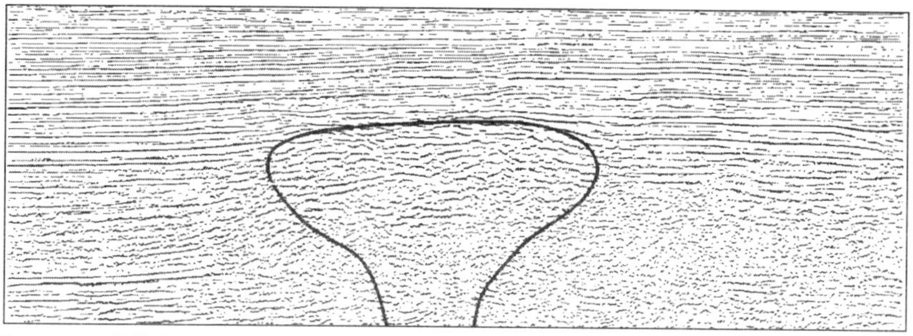

图 3-36　某勘探区的某测线中的火成岩侵入体解释方案示意图(据沙言，1993 年)

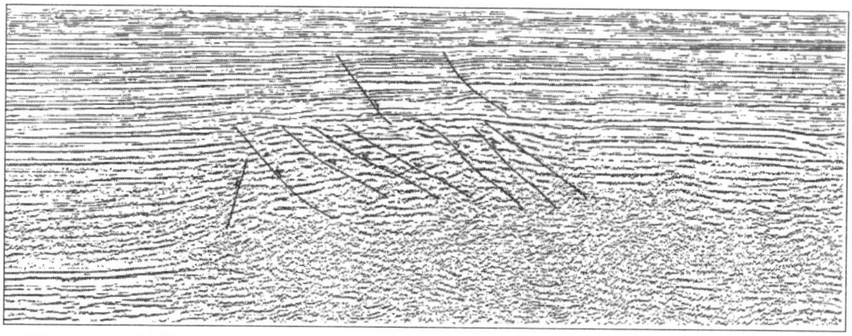

图 3-37　某勘探区的某测线中的另一种解释方案示意图(据沙言，1993 年)

总的来说，对于断层解释，解释工作者必须掌握一些关键点。其中，这些关键点主要为以下几点：①在地震剖面中解释断层时，所解释的断层线必须相对准确地穿过明显的断点(就是没有争议及可靠的断点)(图 3-38~图 3-40)；②对于断层解释，必须依靠(或带着)断层模型进行，解释工作者必须熟悉各种断层模型及其地震响应模式，并在实际的地震资料解释中作出系统及准确的决策；③在实施断层解释中，可以以先易后难的方式解释断层；④在断层解释中，特别是对于难度高的断层解释，可以提取垂直或与该断层走向呈大角度相交的测线实施断层解释，并以该测线作为监控测线，对解释网格上的该断层解释进行监控(图 3-41)；⑤在断层解释中，可以结合断面波及地震波剖面或平面上的相关层位振幅的产状变化或错动及能量变化、层位解释成果、计算与断层相关的地震属性等(图 3-42~图 3-45)，作为对断层解释的辅助手段或验证；⑥断层精细解释则应该在解释完较大型断层之后，再实施低序级断层的解释；⑦断层解释必须实施多轮次的解释，并利用后续的钻井资料不断更新及更正解释模型，从而达到更准确、更精细化的断层解释；⑧断层解释后，必须对断层进行闭合及调整，使其闭合差在允许的范围内；⑨断层解释必须以地球物理方面的认识为主，地质认识为辅助及对其进行指导；⑩解释工作者必须经过大量的对断层解释方面的练习及对全国的各大盆地内的断层模式能了然于胸，才能做好相关勘探区的断层解释工作(图 3-46)；⑪当解释工作者对研究区内复杂的断层解释模式不能确定时，可以寻求相关帮助，如向高水平的解释专家寻求技术上的帮助，从而能相对正确地解释断层；⑫三维地震资料解释断层成果比二维地震资料更准确，当然费用也相对较高；⑬尽量不采用叠加剖面进行断层解释，必须使用偏移剖面进行断层及层位解释；⑭在同一个研究区内的断层解释模式可以具有相似性，即其邻区的断层解释模式相或及近似(图 3-47)。

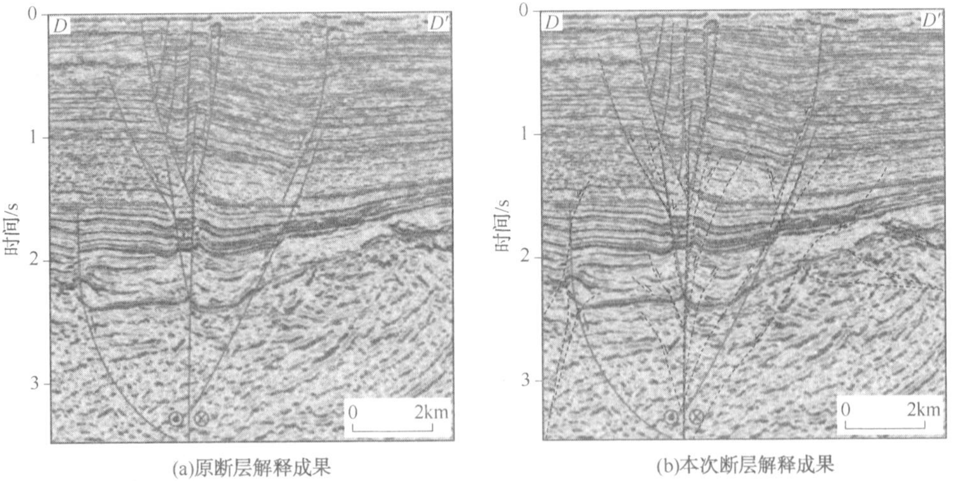

图 3-38　某勘探区的 A12 测线地震剖面中不同的断层解释结果示意图
(据黄雷、刘池洋，2019 年，略有改动)

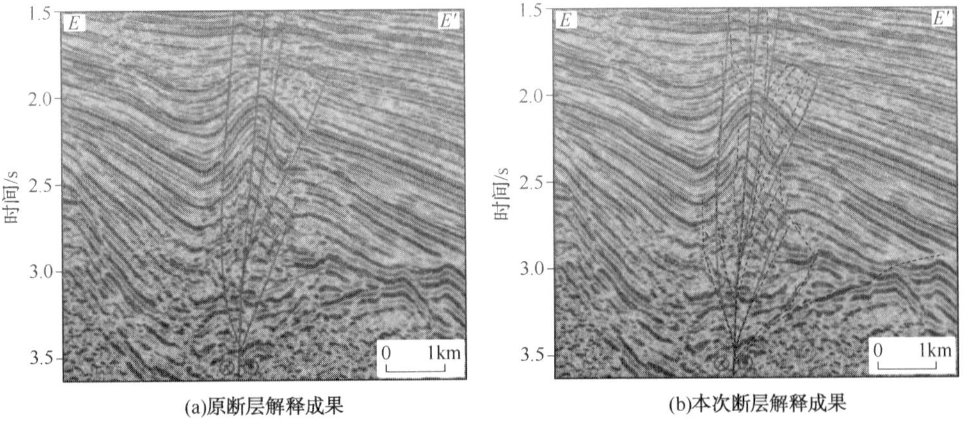

图 3-39　某勘探区的 A14 测线地震剖面中不同的断层解释结果示意图
(据黄雷、刘池洋，2019 年，略有改动)

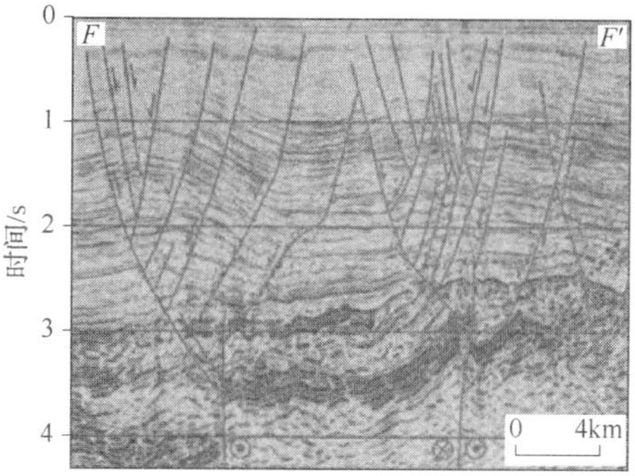

(a)原断层解释成果

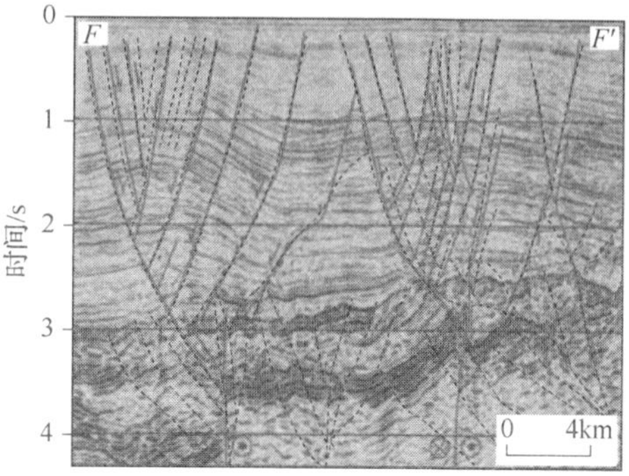

(b)本次断层解释成果

图 3-40　某勘探区的 A16 测线地震剖面中不同的断层解释结果示意图

（据黄雷、刘池洋，2019 年，略有改动）

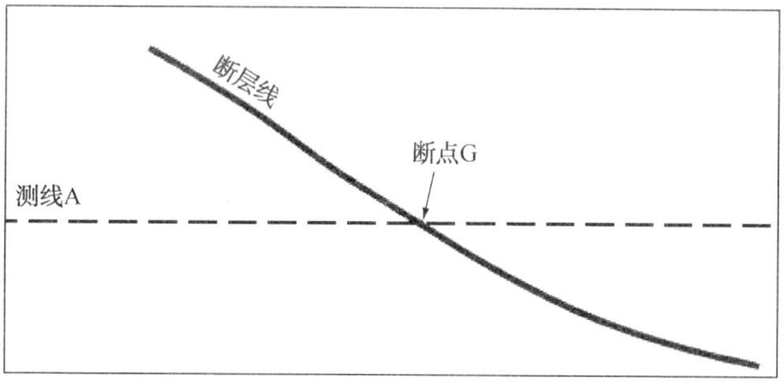

(a)在某目的层上测线与断层走向线的夹角及断点G位置

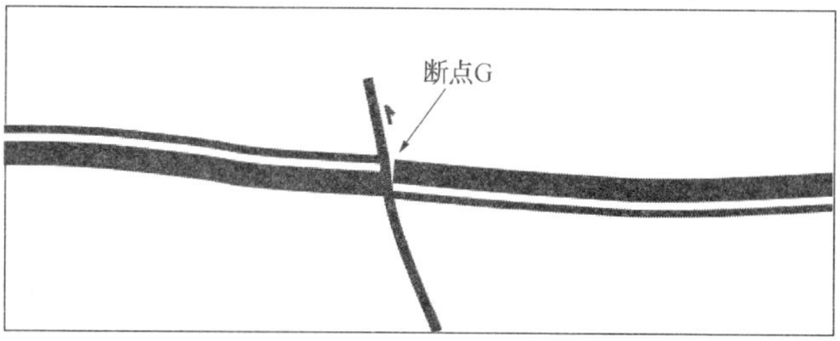

(b)二维剖面上该目的层的断点G的位置及断层解释

图 3-41　某勘探区在二维地震资料上（测线走向与二维地震资料走向呈小角度相交）进行断层解释示意图

注：黑色粗线为强波峰，黑色细线为弱波峰，可见断层造成其层段上的波峰强弱变化，该断层为后续的钻探所证实。实际地震剖面上是较复杂的，可能认为是相变。本次图（b）是相对提炼出波峰的强弱，由于在井位论证中没有对该小断层进行识别，造成水平井钻穿断点 G 后钻到下部的灰岩层内，后来在现场调整井轨迹后向上钻进，才钻回到页岩层内，究其原因就是断层走向与二维测线走向呈小角度相交，造成对断层的解释相对困难。因此，在实际的断层解释中，要注意所解释的地震剖面与断层走向的关系问题，原则上测线走向与断层走向垂直的解释结果相对可靠、清晰，而测线与断层走向呈平行状则断层的解释结果往往不可靠，所以对断层解释必须以垂直断层走向的测线解释为主，以与断层走向一致或小角度相交的测线为辅助及闭合。

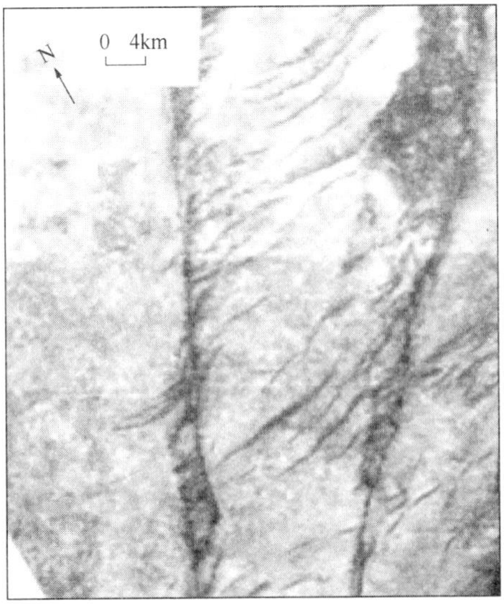

(a)1000ms的方差属性平石切片

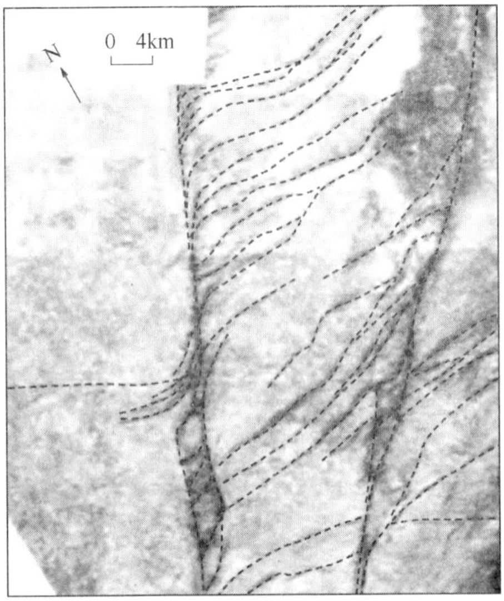

(b)属性切片上的断层解释

图 3-42 某勘探区在方差属性数据体上提取切片实施断层解释及组合示意图
（据黄雷、刘池洋，2019 年，略有改动）

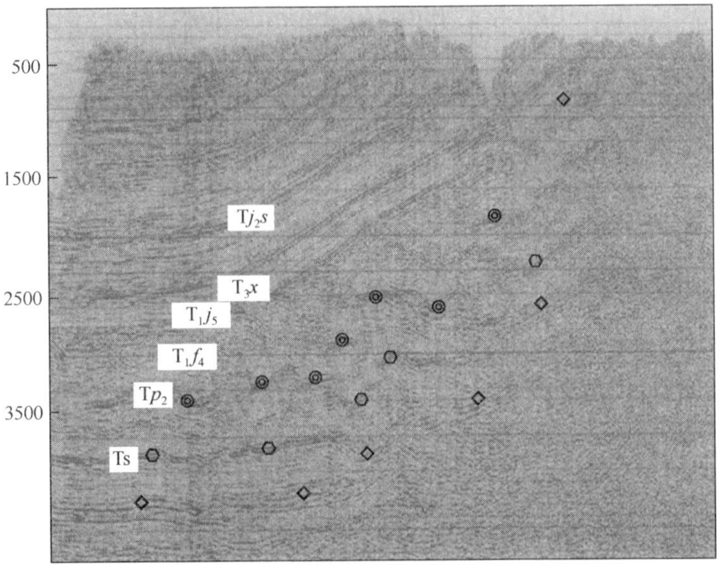

(a)层位解释与对比

图 3-43 四川通江-南江某勘探区某山前带地震剖面中的断层解释及组合示意图
（据杨贵祥，2006 年，略有改动）

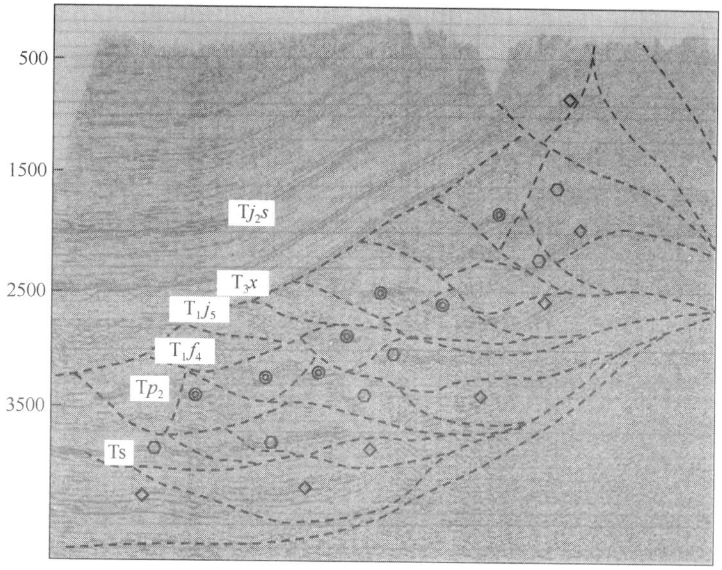

(b)基于(a)的断层解释

图 3-43　四川通江-南江某勘探区某山前带地震剖面中的断层解释及组合示意图（据杨贵祥，2006 年，略有改动）(续)

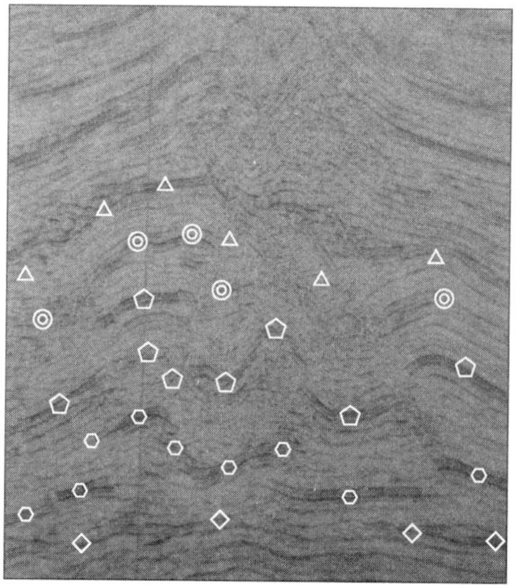

(a)层位解释

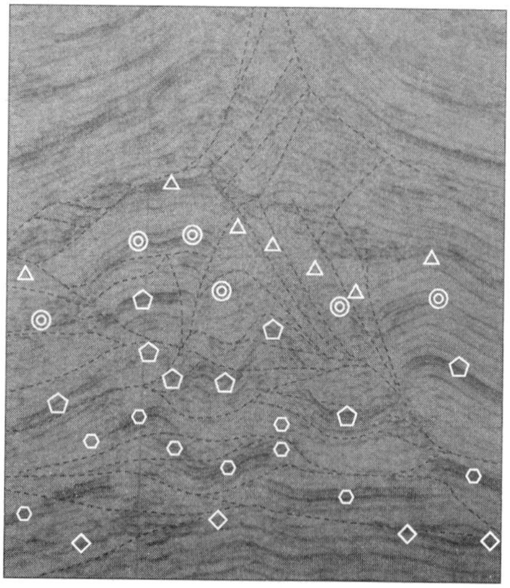

(b)基于(a)的断层解释

图 3-44　川东北普光某勘探区地震剖面中的层位解释后再实施断层(黑色虚线位置)解释及组合示意图(据牟书令等，2009 年，略有改动)

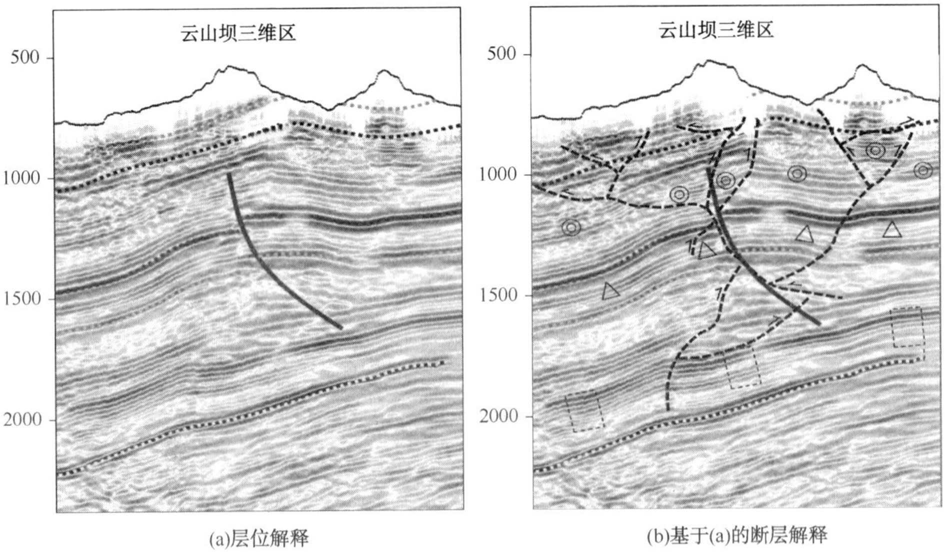

图 3-45　某勘探区地震剖面中的层位解释后再实施断层(黑色虚线位置)解释及组合示意图(据丁嘉，2020 年，略有改动)

注：图(a)中的层位及断层为原解释成果，本次解释成果为图(b)，不同线框外形预示不同的层位，可见斜坡区域发育的背斜构造的复杂性。

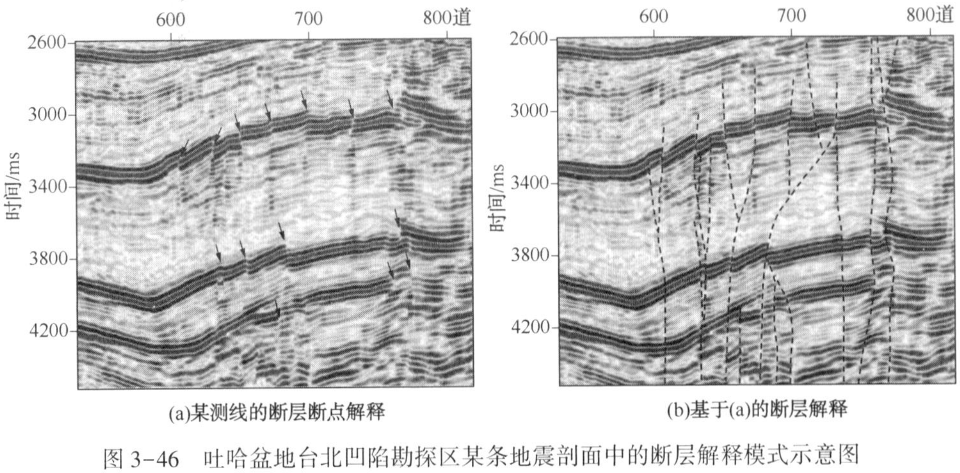

图 3-46　吐哈盆地台北凹陷勘探区某条地震剖面中的断层解释模式示意图(据杨硕等，2014 年，略有改动)

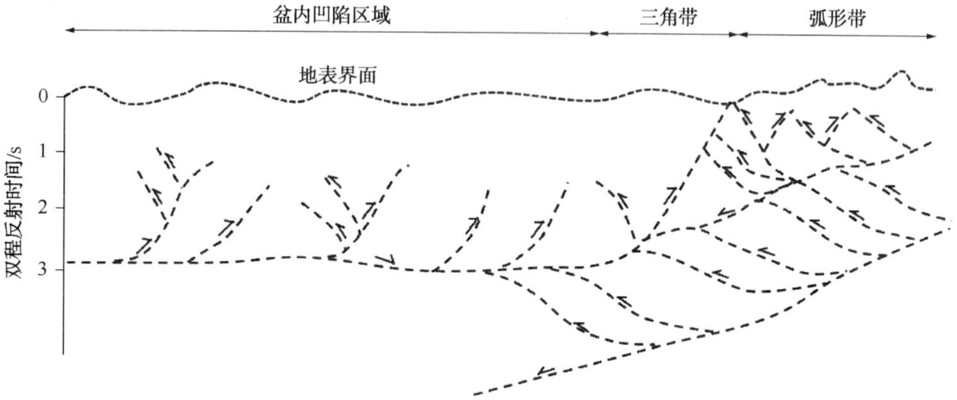

(a)黄金口西某测线的断层解释模式

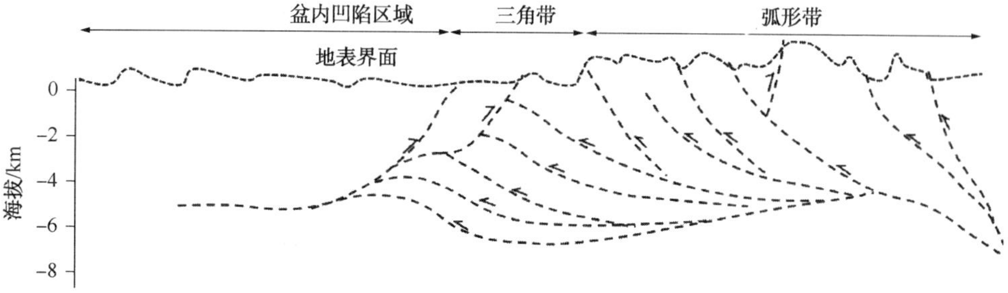

(b)五宝场地区的断层解释模式

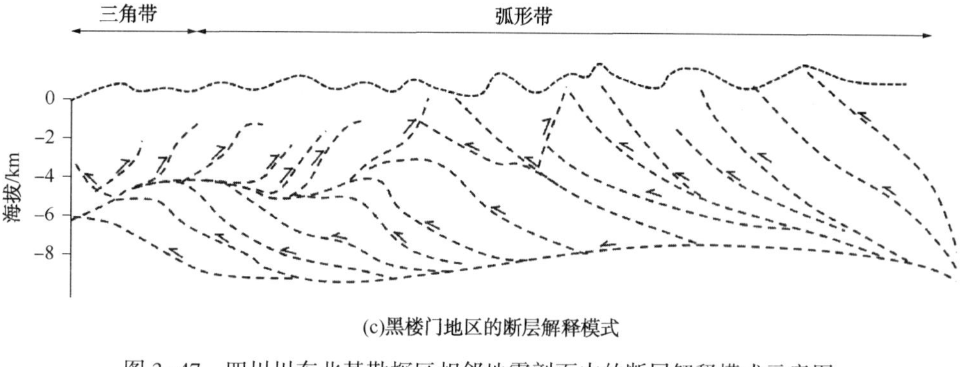

(c)黑楼门地区的断层解释模式

图 3-47　四川川东北某勘探区相邻地震剖面中的断层解释模式示意图

（据汪泽成等，2006 年，略有改动）

在对地震资料中的断层进行解释中，一些技术方法(如分频方法)可能不适合于断层解释，但可以辅助于断层解释。如在某勘探区内的断层解释中，全频带的地震资料及经过分频处理后的地震资料进行断层解释，可以见到全频带的地震资料更适合断层解释工作(断点相对清晰)，而分频资料的断点相对不清晰，可能给解释带来很多困惑(图 3-48)。但是，分频体也能体现一些自己的特色，如图 3-48 中虚线断层，在全频段中不能准确确定，而分频体中可以准确确定出白色虚线断层位置。所以在地震资料解释中，如果实施断层的精细解释，可以将全频段及分频体数据体两者结合实施断层解释工作。此外，也可以采用新的地震采集参数，加强对感兴趣的区域的地震精确采集及处理、解释等方面的研究，并采用多例实际解释成果、相关经验及实践等，也有利于对断层进行正确的解释及修正以前的解释成果(图 3-49～图 3-51)。另外，也可以利用分方位角范围的叠加、偏移后的各个分方位角叠后地震数据体实施断层解释，这样可能得到的断层位置更准确。如在某工区针对断层的精确成像处理中，就是通过对道集进行分方位角处理后(方位角划分参数分别为 0°～33°、90°～111°、145°～180°)，对三个划分分方位角范围的道集数据分别进行叠加、叠前时间偏移处理后，相关的分方位角叠后地震数据体对断层识别能力优于全叠加的叠后地震数据体(图 3-52)。此外，又如中国石化在盘河某区域的地震数据采集中，采用了小面元的采集方式，所得的地震剖面(图 3-53)对断层系统的刻画相对清晰。对图 3-50 中的断层体系进行解释，可以得到有不同的解释方案，可见不同的解释工作者、不同时期的解释方案是具有差异性的(图 3-54)，解释上的差异也在川东南某勘探区出现(图 3-55、图 3-56)。

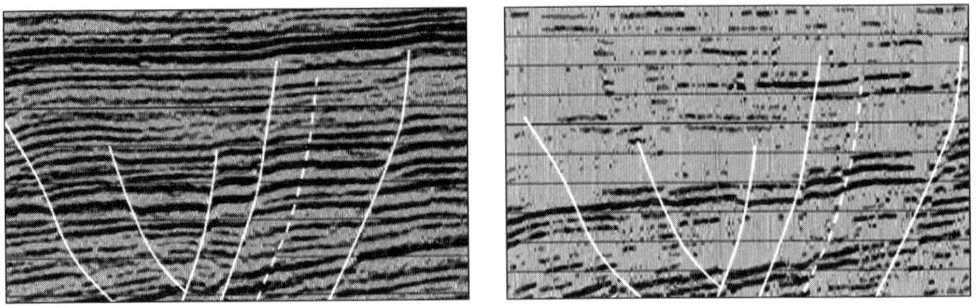

(a)全频段的层位解释　　(b)分频体的断层解释

图 3-48　某勘探区在全频段地震剖面及分频体的地震剖面中断层解释示意图
(据章冉等，2009 年，略有改动)

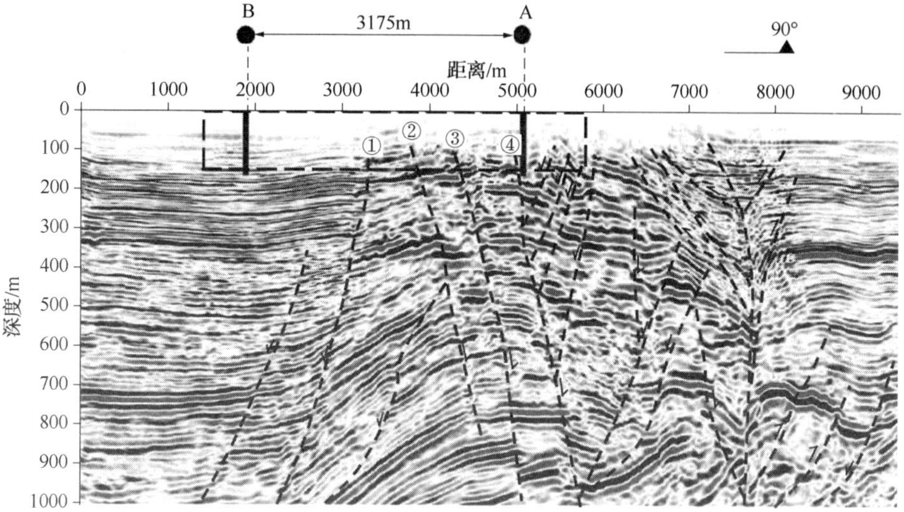

(a)常规深度域地震偏移处理剖面

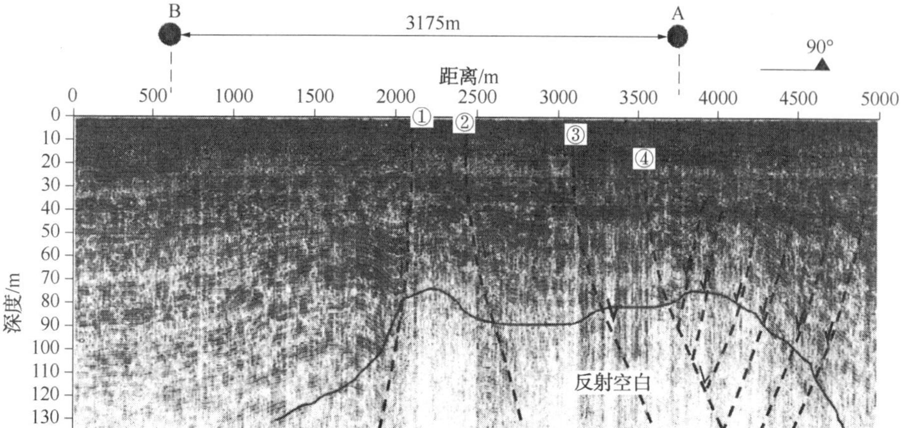

(b)基于高密度电火花震源采集的深度域地震剖面

图 3-49　莱州湾某勘探区关于浅部地层的深度域的断层解释示意图

（据刘双双等，2017 年，略有改动）

注：可见到常规深度域地震剖面中的断层解释成果与电火花震源采集的深度域地震剖面中的断层大致一致，如图(a)中的①号断层对应于图(b)中的①号断层，图(b)的地震剖面对应于图(a)中的灰色虚线框内的区域，图中的黑色虚线为解释的断层位置，单箭头指示断层上盘的运动方向，另外可见高密度采集的地震剖面中的地质现象相对比常规地震剖面中的地质现象更清晰。

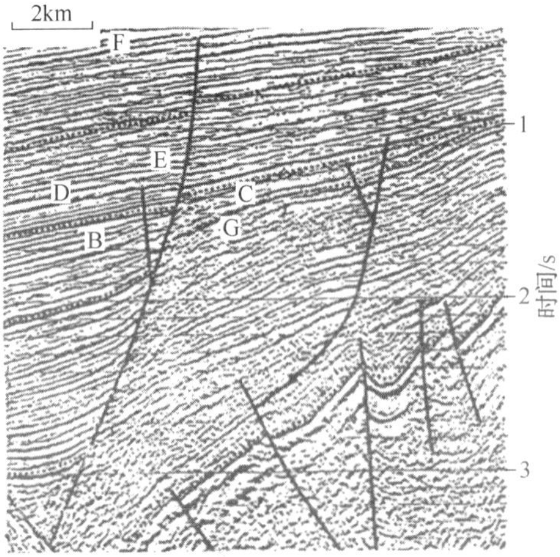

(a)原断层解释方案

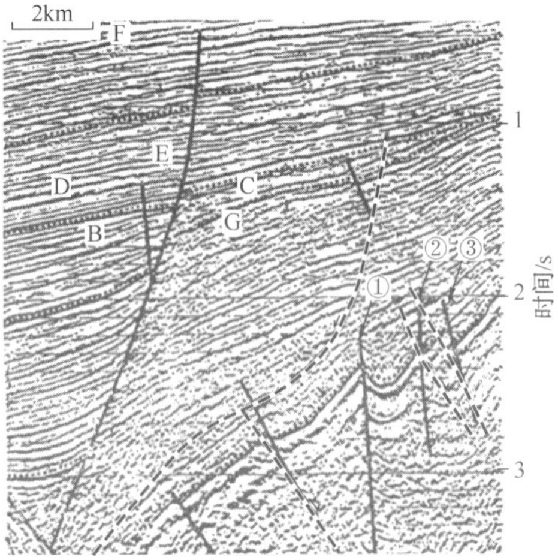

(b)本次断层解释方案

图 3-50　某勘探区某测线中的不同断层解释方案示意图（据孙家振等，2002 年，略有改动）

注：本次断层解释方案最大的不同之处在于对于编号①的断层解释，本次解释中认为可以不解释该断层，此处表现出尖棱构造，对于②、③号断层解释，可见图（b）中的黑色虚线位置，将其解释为正断层，从而与其他区域相关明显的正断层解释结果相吻合。

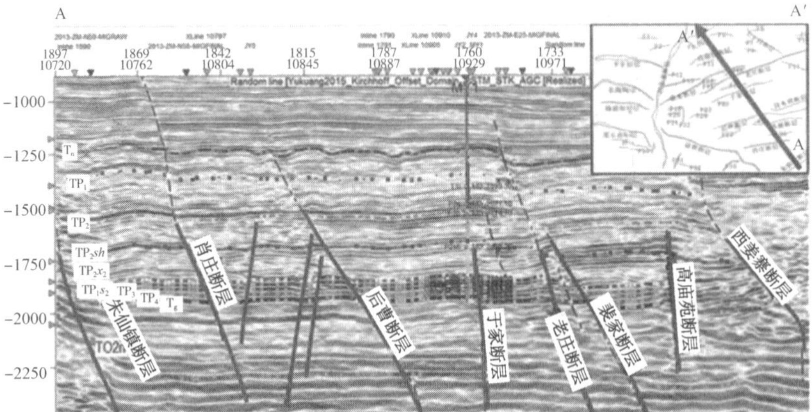

(a)原断层解释方案

图 3-51　河南中牟某勘探区某测线中的不同断层解释方案示意图（据刘家橙等，2019 年，略有改动）

注：本次断层解释方案最大的不同之处在于对于编号①、②区域的断层解释，在编号①的区域解释出正断层，见图中黑色单向箭头指示断层上盘的运动方向，而在②号区域内解释出高陡的逆断层体系，注意中部的低角度大型逆断层，对上下地层的断层体系进行了分割。

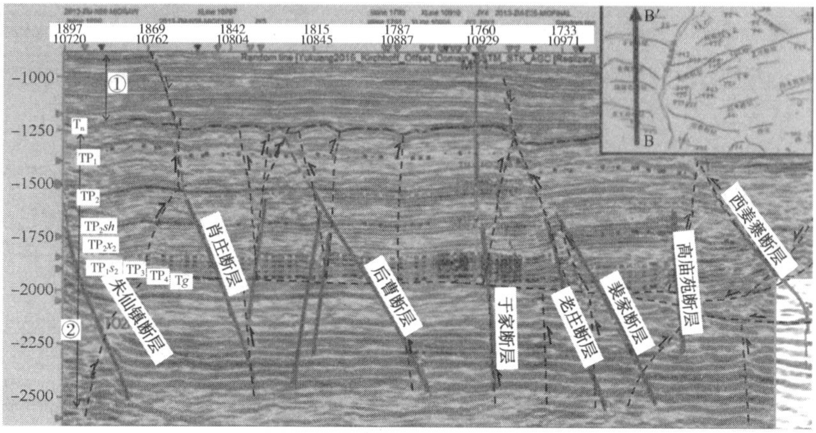

(b)本次断层解释方案

图 3-51　河南中牟某勘探区某测线中的不同断层解释方案示意图

（据刘家橙等，2019 年，略有改动）（续）

注：本次断层解释方案最大的不同之处在于对于编号①、②区域的断层解释，在编号①的区域解释出正断层，见图中黑色单向箭头指示断层上盘的运动方向，而在②号区域内解释出高陡的逆断层体系，注意中部的低角度大型逆断层，对上下地层的断层体系进行了分割。

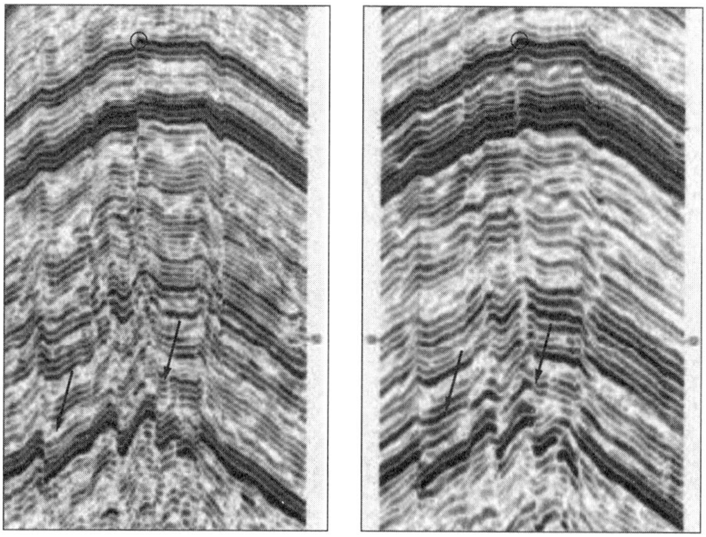

(a)全方位角叠前时间偏移剖面　　(b)方位角0°~33°叠前时间偏移剖面

图 3-52　某勘探区某测线的全方位角及分方位角的叠前时间偏移地震剖面对比示意图

（据曾华会等，2019 年，略有改动）

注：各个地震剖面中黑色箭头处的断点位置，在各个剖面中的清晰度存在差异性，在全叠加剖面中的断点相对不清晰，而在分方位角后叠加剖面上则断点相对清晰，各种波干扰也相对减少，另外在三个分方位角剖面中，相关断点位置及构造形态的成像（图中圆圈位置）也具有差异性，这个在实际地震资料解释中应加以注意。

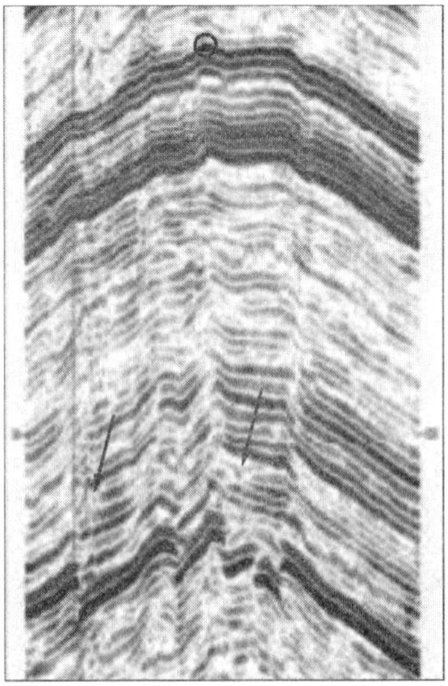

(c)方位角90°~111°叠前时间偏移剖面

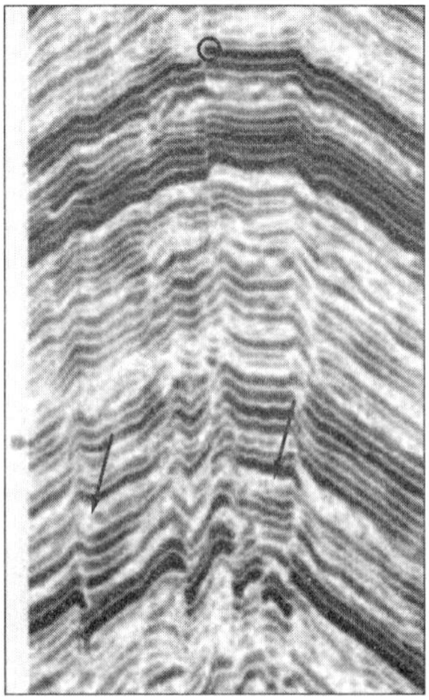

(d)方位角145°~180°叠前时间偏移剖面

图 3-52 某勘探区某测线的全方位角及分方位角的叠前时间偏移地震剖面对比示意图（据曾华会等，2019 年，略有改动）（续）

注：各个地震剖面中黑色箭头处的断点位置，在各个剖面中的清晰度存在差异性，在全叠加剖面中的断点相对不清晰，而在分方位角后叠加剖面上则断点相对清晰，各种波干扰也相对减少，另外在三个分方位角剖面中，相关断点位置及构造形态的成像（图中圆圈位置）也具有差异性，这个在实际地震资料解释中应加以注意。

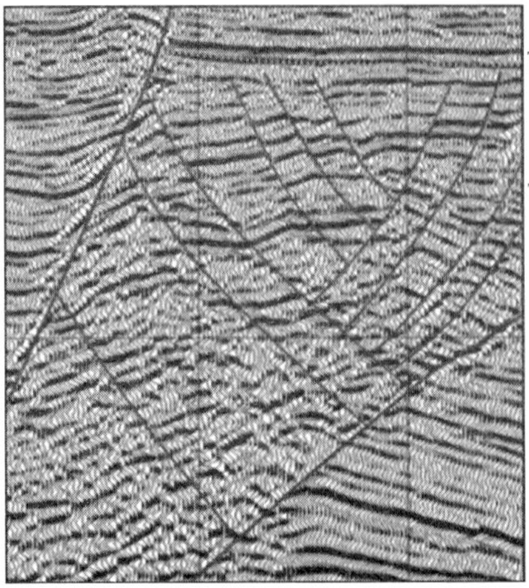

(a)原高精度地震资料的断层解释方案

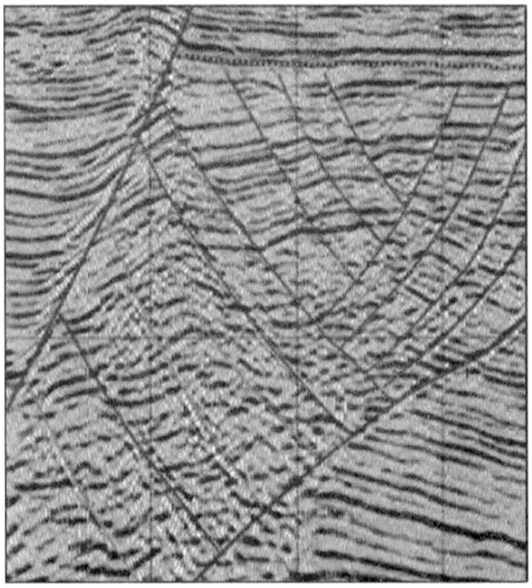

(b)小面元高密度采集的地震资料断层解释方案

图 3-53 盘河某勘探区某测线中的不同时期所采集的同一个位置的地震剖面中的断层解释方案示意图（据郭旭升等，2022 年，略有改动）

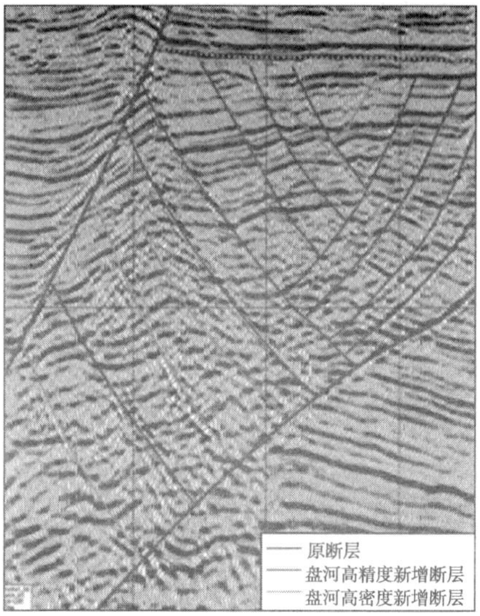

(a)小面元高密度采集的地震资料断层解释方案

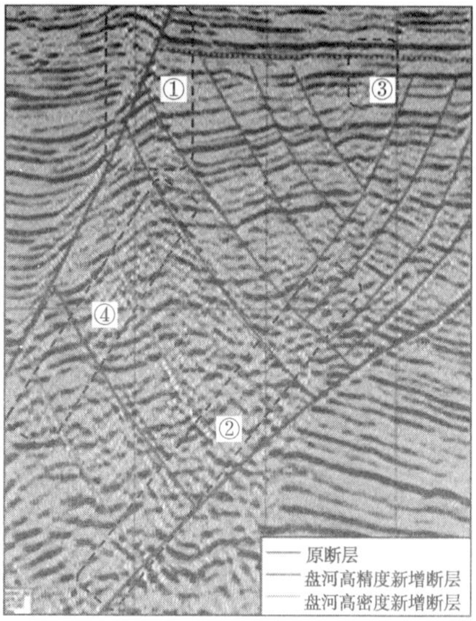

(b)基于(a)的断层分析

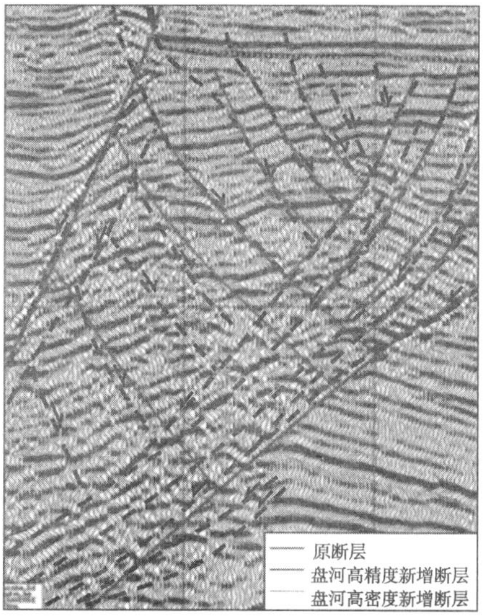

(c)本次的解释方案

图 3-54　盘河某勘探区某测线中的不同解释工作者在同一个位置的地震剖面中的断层解释方案示意图(据郭旭升等，2022 年，略有改动)

注：图(b)中的黑色虚线框内指出原断层解释方案的矛盾之处，图(c)的断层解释方案在图(b)的基础上结合图(a)的解释方案而得到，黑色单向箭头指示断层上盘的运动方向，可见该勘探区断层基本上是正断层模式。

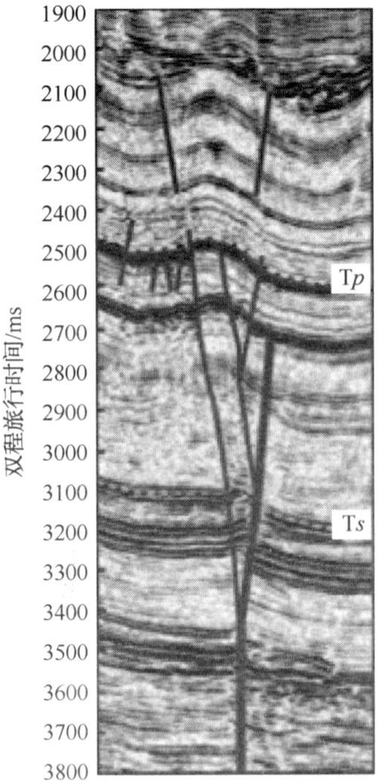

(a)原地震剖面解释方案

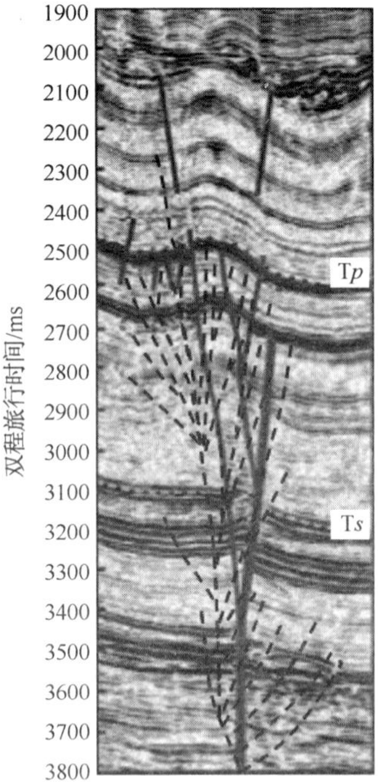

(b)本次的断层解释方案

图 3-55　川东南某勘探区某测线中的不同解释工作者在同一个位置的地震剖面中的断层解释方案示意图(据潘磊等，2020 年，略有改动)

注：图中的黑色虚线为本次断层解释成果，与原断层解释成果(灰色实线)有差异。

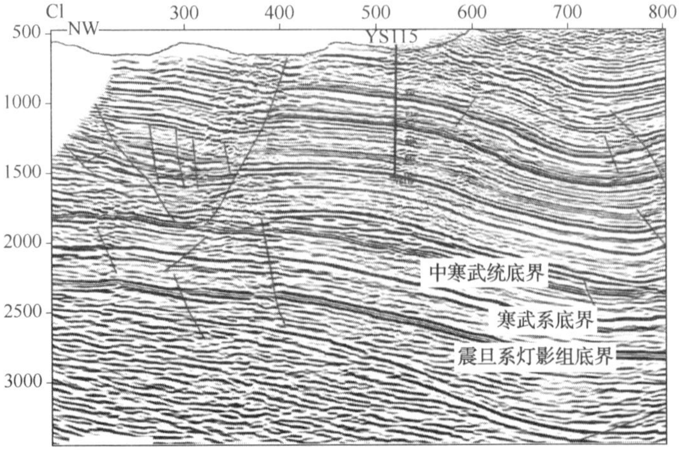

(a)原断层解释方案

图 3-56　四川某勘探区某测线中的不同解释工作者在同一个位置的地震剖面中的断层解释方案示意图(据杨士超，2018 年，略有改动)

注：图(b)中的黑色虚线为本次断层解释方案，双虚线为解释的岩浆岩体位置。

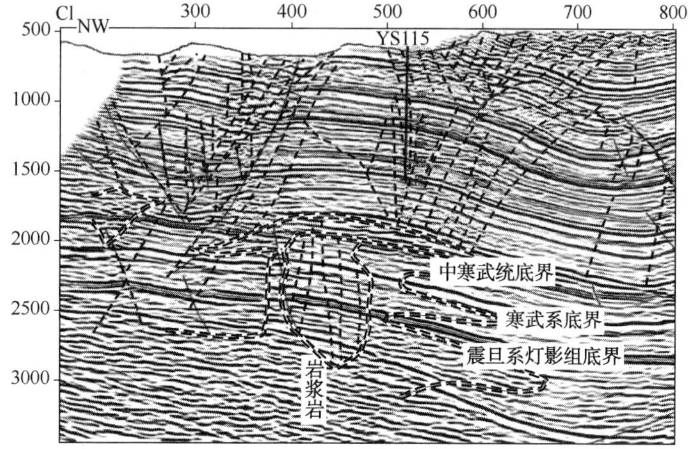

(b)本次断层解释方案

图 3-56　四川某勘探区某测线中的不同解释工作者在同一个位置的地震剖面中的断层解释方案示意图(据杨士超，2018 年，略有改动)(续)

注：图(b)中的黑色虚线为本次断层解释方案，双虚线为解释的岩浆岩体位置。

4 结束语

在油气勘探中，对多年的勘探经验进行总结及再认识，认为相关理论的创新及勘探思维的突破，是油气勘探发现的关键。而在油气勘探中，物探技术的进步是勘探成功的保证。在一系列的物探技术中，特别是用于油气勘探中的物探技术，地震勘探技术占据相当重要的地位。其中，地震资料构造解释则是重中之重，起着承上启下的作用。现阶段，地震资料构造解释以解释盆地构造、地层和沉积体系为主，目的是确定盆地的基本形态、性质、历史、主要的断裂、构造的特征、地层的展布、沉积的环境和相态分布等。

总的来说，地震资料解释是一种综合性很强的工作，但最基本的是能正确识别断点(断点相连即为断层)及层位(层位点相连即为层位)。截至目前，地震资料构造解释仍处于艺术和科学的边缘，并且与两者具有一定的渗透关系。在地震资料解释这个领域中，经验、技巧和丰富的知识同等重要，这需要地震资料解释工作者增强自身的解释修为及大量地参与解释实践、积累相关的解释经验。在地震资料解释的过程中，层位及断层解释相当关键(或者在地震资料解释过程中呈交互方式实施)，影响后续工作。综合分析，地震解释也是一个发展的过程，也经历了从简单到复杂，从“粗”到“精”的历程。另外，由于地震资料解释在油气勘探中起着承上启下的作用，为储层预测提供了层位及断层的数据。总的来说，其解释的准确度可能制约了储层预测的精度，对油气勘探产生较大的影响。

实际情况表明，地震资料解释往往依赖于地震资料的品质及解释工作者的经验、思维及地质模型等。好的地震资料品质会使地质现象更清晰，利于地震资料解释工作者进行判断和识别；而信噪比低的地震资料，通常会带来更大的多解性，造成解释工作者对地下地质情况的判断困难。当然，解释工作者的经验对于地震资料解释相当重要。一个优秀的解释工作者应该具有丰富的地质及物探知识，并能熟练运用。另外，大量的解释工作经历会使解释工作者的经验更加丰富。解释工作者应该学好及能辨别各种地质现象，并能对各种地质现象的响应做出准确的判断。通过对地震资料进行构造解释，得到层位及断层数据并成图，从而识别出地质构造，达到确定油气圈闭的目的。因此，作为一个优秀的解释工作者，需要具备以下方面的基础知识，并将其有效地结合：①地球物理理论；②石油地质基础及地震地质解释模型；③地震解释机理及地震资料处理技术；④计算机操作系统；⑤相关地震资料解释软件；⑥工作态度认真、积极、努力、勤恳；⑦开拓性思维、发散式思维及创新性精神；⑧不断修正解释成果及具有较高的解释境界；⑨大量的地震资料解释实践及反馈。另外，地震资料解释工作者还必须掌握大量的地质知识、构造知识及艺术感、井上的测试资料等，这样才能更好地实施地震资料解释工作。

总的来说，地震资料解释具有多解性的问题，一些多解性主要是由于地质构造及地震资料信噪比等造成的。如对反转构造的地震资料解释，由于地震成像问题，造成其对反转构造的成像较差；地震资料中的低序级断层的解释问题，由于地震资料分辨率低而造成解释困难；一些地层层速度变化较大的区域，也可能造成对其构造成像产生问题，使实际的构造高点产生偏移(与地震成像的构造高点位置相比较)；此外，对于生物礁相及火山岩、泥岩等地质异常体的识别，也是考验地震资料解释工作者的一个问题；地震资料采集所造成的一些问题，如地震资料信噪比低等。因此，必须增强地震资料解释工作者的实战经验，通过大量实践，开阔其眼界，才能更好地处理这个问题。

另外，地震资料解释成果，可以对相关的勘探井布设产生巨大的影响。常规的相控三步法布设勘探井，对其地震相及地震资料中的层位及断层的解释成果要求很高，因此，推动了地震资料解释的飞速发展，毕竟地震资料解释成果影响到勘探井的布设问题。如在新疆塔里木盆地的奥陶系油气勘探中，必须找准岩溶储层，这就需要利用地震资料相对准确地锁定“羊肉串”等亮点反射的三维空间位置，然后布设水平井或大斜度钻井，才能获得高产油气流。另外，川西相关勘探区内关于沙溪庙组河道砂体的勘探中，也必须对不同的河道系统进行描述及拆分，才能找到富气的河道砂组实施勘探井布设，才能有把握地获得高产的油气流。

总而言之，地震资料解释几乎涉及所有的基础地质和石油地质研究领域。首先，地震资料相对于其他的物探技术方法(磁法、电法及重力)，具有相对直观、信息量丰富的特征，也积累了大量不同年代的不同勘探区内解释经验、不同的解释方法及成功经验，也值得对这些地震资料解释经验及成果进行记录、传承、改进及提高，使相关解释成果更准确地对地下地质体及构造等方面的表述。其次，多年的石油勘探经历，也使得地震勘探技术越来越成熟，并具有多样化的特征(如各种地震勘探方法层出不穷)。总的来说，在油气勘探开发过程中，地震资料是内容最为丰富、综合分辨率最高的钻前原始信息源。地震资料解释是许多重要学科的生长点或重要基础，并贯穿油气勘探开发的所有环节，也是地震勘探系统工程的最终环节。总的来说，地震资料解释主要影响或发展以下的几个方面。

① 地震地层学——层序地层学。

② 沉积盆地及沉积相分析。

③ 油区构造解释。

④ 现代沉积理论。

⑤ 油气系统研究。

⑥ 地层岩性油气藏预测。

⑦ 油气输导体系和运聚单元分析。

⑧ 盆地温度、压力及流体场分析。

⑨ 勘探井布设及试油气成果。

⑩ 后续的关于目的层的甩开勘探或矿权清退问题。

在地震资料解释中，解释工作者的认识及经验是相当重要的。因此，在对解释工作者自我的技能培养中，要注意以下几点。

(1) 解释工作者要具备相当高的艺术功力及组织能力、审美能力。如解释工作者要具备一定绘画能力，这样才能画好断层及层位，并使其在剖面上显得漂亮及美观，也就是俗话说的功夫在诗外。

(2) 解释工作者要多与外部环境进行讨论及交流，提升自己各方面的知识水平。如多参加技术交流活动(解释及储层预测交流方面)，学习别人的经验及认识，提高自己的学术水平。此外，参加一些学术组织的年会，可以与高水平的从业人员交流等，并能提高自己的学术水平及见识。

(3) 多看书多实践。在地震资料解释中，多做多想及多学是很重要的。多做项目，就能得到相关的解释经验，经验及认识多了就会成为一个具有高水平的解释工作者。在工作中，要积极撰写相关的学术论文或专著，这样也能提高相关的学术水平。另外，还必须经常外出去参加地质调查活动，或在路边或家里等附近有条件地开展地质模型的实习及研究，相对直观地获取知识，从而提高个人的解释模型建立能力。

参考文献

[1] 徐明华．土库曼斯坦阿姆河右岸盐下致密碳酸盐岩裂缝地震预测方法研究[D]．成都：成都理工大学，2013.
[2] 祝斯森．莺山断陷杏山地区地震解释与构造特征研究[D]．大庆：东北石油大学，2014.
[3] 任光．汪南地区扶杨油层构造精细解释[D]．大庆：东北石油大学，2014.
[4] 时应敏．松辽盆地长岭断陷火山机构及天然气成藏特征研究[D]．北京：中国地质大学(北京)，2012.
[5] 代登亮．松辽盆地小城子断陷火石岭－营城组天然气成藏规律[D]．长春：吉林大学，2016.
[6] 杨文婷．德惠断陷下部断陷层储层分类评价[D]．大庆：东北石油大学，2020.
[7] 李丹．登娄库三维工区地震解释与圈闭评价[D]．大庆：东北石油大学，2013.
[8] 王雪峰．海拉尔盆地乌尔逊凹陷构造样式分析及动力学研究[D]．成都：成都理工大学，2010.
[9] 陈均亮．海拉尔－塔木察格盆地构造特征与演化研究[D]．成都：成都理工大学，2011.
[10] 周天旗．二连盆地赛汉塔拉凹陷赛东洼槽下白垩统砂砾岩体沉积特征研究[D]．大庆：东北石油大学，2020.
[11] 任江丽．乌里雅斯太凹陷 H 区 K1baⅣ段地质特征综合研究[D]．西安：西北大学，2019.
[12] 姚淑凡．白云凹陷珠江组含气砂岩成岩相分析及地震预测[D]．北京：中国地质大学(北京)，2020.
[13] 邓棚．南海北部陆缘古近纪多幕裂陷作用属性及转换[D]．北京：中国地质大学，2018.
[14] 王红丽．南海复杂构造地震成像及其应用研究[D]．北京：中国科学院大学(中国科学院海洋研究所)，2018.
[15] 雷川．珠江口盆地白云凹陷高热背景对深水区储层质量的影响[D]．西安：西北大学，2019.
[16] 吴其林．珠江口盆地东沙隆起碳酸盐岩礁滩储层特征及预测方法研究[D]．成都：成都理工大学，2016.
[17] 冯全雄．珠江口盆地东沙隆起珠江组礁滩储层预测[D]．北京：中国地质大学(北京)，2012.
[18] 李俞锋．南海西北部北礁凹陷中新统深水沉积体系及油气意义[D]．西安：西北大学，2017.
[19] 张鹏．南海北部新近系陆架－陆坡演化及沉积体系研究[D]．西安：西安石油大学，2020.
[20] 王曙煜．琼东南盆地花岗岩风化壳储层含气性检测方法研究[D]．成都：成都理工大学，2020.
[21] 张凤廉．琼东南盆地长昌凹陷三亚组岩性体地震解释及成藏条件分析[D]．西安：西北大学，2018.
[22] 平坛桥．东方 X 区莺歌海组地震地貌学研究[D]．西安：西安石油大学，2019.

[23] 刘俊．南黄海崂山隆起强屏蔽层下地震成像与碳酸盐岩储层预测[D]．北京：中国地质大学，2020.
[24] 王子轶．塔里木盆地顺北五号走滑断裂带南段构造特征及其控储模式[D]．北京：中国地质大学(北京)，2020.
[25] 秦志亮．南海北部陆坡块体搬运体系的地震反射特征及演化[D]．北京：中国地质大学(北京)，2009.
[26] 赵卫．南海北部早期破裂阶段沉积记录研究[D]．北京：中国地质大学(北京)，2011.
[27] 王飞．河套盆地吉兰泰地区地震地层划分及地震相研究[D]．西安：西北大学，2018.
[28] 刘志敏．吐哈盆地葡萄沟—葡北侏罗系低幅度构造识别及储层预测[D]．成都：西南石油大学，2015.
[29] 陈希．吐哈盆地台北凹陷西缘、红台地区地震解释与有利储层预测研究[D]．成都：西南石油大学，2016.
[30] 李杰．川东北地区须家河组断层和裂缝特征及其与天然气成藏的关系[D]．青岛：中国石油大学(华东)，2019.
[31] 龚思宇．基于三维地震资料的复杂生物礁储层预测方法研究及应用[D]．成都：成都理工大学，2019.
[32] 李宇航．砂砾岩致密储层地震预测技术研究[D]．青岛：中国石油大学(华东)，2016.
[33] 麻建明．百色盆地古近系高分辨率层序地层学[D]．成都：成都理工大学，2005.
[34] 盛双占．柴达木盆地北缘鱼卡—南八仙地区侏罗、古近系沉积与储层特征[D]．西安：西北大学，2019.
[35] 赵睿．含油气盆地演化对板块运动的远程响应[D]．武汉：中国地质大学，2020.
[36] 潘红卫，石存英，王晶森，等．王府断陷天然气藏的识别[J]．石油地球物理勘探，2012，47(S1)：97-102.
[37] 王震，文欢，邓光校，等．塔河油田碳酸盐岩断溶体刻画技术研究与应用[J]．石油物探，2019，58(1)：149-154.
[38] 李东亮．高邮凹陷侵入岩发育区复杂断块构造地震综合解释应用研究[D]．青岛：中国石油大学(华东)，2017.
[39] 杨克绳．中国含油气盆地结构和构造样式地震解释[M]．北京：石油工业出版社，2006.
[40] 姚超，焦贵浩，王同和，等．中国含油气构造样式[M]．北京：石油工业出版社，2004.
[41] 孙家振，李兰斌．地震地质综合解释教程[M]．武汉：中国地质大学出版社，2002.
[42] 陈开远，沈林克．塔里木盆地北部地震地层解释与油气检测[M]．武汉：中国地质大学出版社，1993.
[43] 王新岚，梁虹，朱亚东，等．川中-川南走滑断裂展布特征及与油气成藏关系[C]．成都：中国石油学会 2021 年物探技术研讨会论文集，2021：964-967. DOI：10.26914/c.cnkihy.2021.014643.
[44] 吴爱国，刘金辉，吴金珠，等．西昌盆地布拖-昭觉地区页岩气地震勘探应用实践[A]．中国石油学会石油物探专业委员会(SPG)、国际勘探地球物理学家学会(SEG)．SPG/SEG 南京 2020 年国际地球物理会议论文集(中文)[C]．南京：中国石油学会石油物探专业委员会

(SPG)、国际勘探地球物理学家学会(SEG)：石油地球物理勘探编辑部，2020：198-201.
[45] 潘宏勋，方伍宝，李满树．南方山前带 B 区地震速度建模及偏移成像[J]. 石油地球物理勘探，2013，48(04)：526-530+676+500.
[46] 沙言．是火成岩还是断层？[J]. 石油地球物理勘探，1993，04：513.
[47] 李东亮．高邮凹陷侵入岩发育区复杂断块构造地震综合解释应用研究[D]. 青岛：中国石油大学(华东)，2017. DOI：10. 27644/d. cnki. gsydu. 2017. 000096.
[48] 郭旭升，刘金连，杨江峰，等．中国石化地球物理勘探实践与展望[J]. 石油物探，2022，61(1)：1-14.
[49] 孙盼科，徐怀民，尹志军．地震资料地质解释实践指导书[M]. 北京：中国石化出版社，2021.
[50] 张玉芬．反射波地震勘探原理和资料解释[M]. 北京：地质出版社，2006.
[51] 梁顺军，李金芝，胡峰，等．L-Va 曲线监控偏移时间剖面构造畸变现象及其校正[J]. 石油物探，2021，60(6)：1003-1015.
[52] 杨勤勇，郭恺，李博，等．TTI 各向异性地震成像技术及其在页岩气勘探中的应用[J]. 石油物探，2019，58(6)：882-889，897.
[53] 黄小刚．浅谈海上压缩感知地震勘探[J]. 石油物探，2019，58(2)：162-175.
[54] 李飞跃，张功成，杨海长，等．复杂断裂综合解释方法在长昌凹陷的应用[J]. 石油物探，2017，56(4)：543-1550.
[55] 四川石油管理局．四川盆地地震勘探构造圈闭成果汇编图册(1953—1990)川东分册[M]. 成都：四川石油管理局编印，1990.
[56] 周锦明，熊翥．地震数据精细处理[M]. 北京：石油工业出版社．2003.
[57] 孙统．塔里木盆地塔西南坳陷山前断裂带构造解析[D]. 北京：中国石油大学(北京)，2020. DOI：10. 27643/d. cnki. gsybu. 2020. 000009.
[58] 李青，刘定锦，毛小平．龙门山山前带地震勘探进展及钻井跟踪评价[J]. 天然气勘探与开发，2012，35(3)：24-27+82-83.
[59] 肖宇，梁顺军，倪华玲，等．有关山地地震勘探构造成果的钻探失利井诠释与解析[J]. 中国石油勘探，2013，18(4)：26-35.
[60] 李艳．龙门山山前带双鱼石—中坝地区中二叠统构造特征分析[D]. 成都：西南石油大学，2018. DOI：10. 27420/d. cnki. gxsyc. 2018. 000452.
[61] 黄雷，刘池洋．张扭断裂带内复合花状构造的成因与意义[J]. 石油学报，2019，40(12)：1460-1469.
[62] 妥军军，贾春明，熊婷，等．最大似然法在断层识别中的应用[C]. 南京：SPG/SEG 南京 2020 年国际地球物理会议论文集(中文)，2020，906 - 909. DOI：10. 26914/c. cnkihy. 2020. 014952.
[63] 章冉，刘红正．金湖凹陷西斜坡地区地震解释方法应用研究[J]. 石油天然气学报，2009，31(2)：283-285.
[64] 孟军海，林佳富，才智杰，等．柴达木盆地盐湖型锂矿床地质特征与地球物理探测[J]. 地球科学与环境学报，2022，44(1)：124-131.

[65] 彭坤，周成刚，石鋆秾，等．层序地层格架控制下碳酸盐岩缓坡的沉积特征——以塔中地区下寒武统肖尔布拉克组为例[J/OL]．天然气地球科学：1-12[2022-05-12].

[66] 杨贵祥．复杂山地地震采集理论与实践[D]．成都：成都理工大学，2006.

[67] 刘双双，朱友生，周松望，等．莱州湾某区块浅部地层地震反射异常原因探讨[J]．海洋学研究，2017，35(3)：34-41.

[68] 肖红纱，井翠，郑健，等．长宁地区五峰组底界微断裂识别及对页岩气开发工程的影响[J]．中国矿业，2022，31(5)：171-180.

[69] 郑马嘉，陈珂磷，蔡景顺，等．基于振幅梯度凌乱性检测算法的页岩气裂缝预测在长宁地区的应用[J/OL]．地球物理学进展：1-9[2022-05-20]．http：//kns. cnki. net/kcms/detail/11. 2982. P. 20211104. 1422. 028. html.

[70] Juan Gerardo Pena-Domínguez̃, Raquel Negrete-Aranda＊, Florian Neumann, et al. Heat flow and 2D multichannel seismic reflection survey of the Devil's Hole geothermal reservoir in the Wagner basin, northern Gulf of California[J]. Geothermics, 2022, 103, 102415.

[71] 毛云新，刘晓晖，包全，等．斜缆宽频宽方位地震资料处理关键技术在西湖凹陷 P 气田的应用[J]．海洋地质前沿，2022，38(3)：74-81.

[72] 牟书令．中国海相油气勘探理论技术与实践[M]．北京：地质出版社，2009.

[73] 吴千万，庞全康，管文华，等．Q 偏移技术在三河次凹地震资料处理中的应用研究[J]．复杂油气藏，2021，14(1)：32-35.

[74] 张海杰，张雪梅，蒋琳，等．叠前深度偏移在川东高陡构造复杂地区的应用[A]．中国石油学会天然气专业委员会．第 31 届全国天然气学术年会(2019)论文集(01 地质勘探)[C]．中国石油学会天然气专业委员会，2019：657-67.

[75] 曾华会，苏勤，郄树海，等．宽方位地震资料处理技术及应用——以松辽盆地薄储层小断裂成像为例[C]．成都：中国石油学会 2019 年物探技术研讨会论文集，2019：231-234.

[76] 中国石化/四川油气区(中国石化)编纂委员会．中国石油地质志．卷十三，四川油气区[M]．北京：石油工业出版社，2022.

[77] 汪泽成，赵文智，徐安娜，等．四川盆地北部大巴山山前带构造样式与变形机制[J]．现代地质，2006(3)：429-435.

[78] 朱望明，张敏，王媛．复杂地区三维地震资料高效解释方法研究[J]．中国石油和化工标准与质量，2022，42(15)：113-115.

[79] 周赏，汪关妹，张万福，等．深度域地震资料解释技术应用及效果[J]．石油地球物理勘探，2017，52(S1)：92-98+8-9.

[80] 丁嘉．滇黔北地区云山坝龙马溪组页岩气地质甜点地震预测评价[D]．北京：中国石油大学(北京)，2020.

[81] 周慧，李曰俊，陈志勇，等．塔里木地块-柴达木地块碰撞相关的同碰撞和碰撞后构造——塔里木盆地地震资料解释成果[J]．岩石学报，2022，38(9)：2634-2664.

[82] 梁国胜，陈清棠，王世坤．高精度三维地震资料解释技术在查干凹陷的应用[J]．新疆石油地质，2011，32(1)：29-31.

[83] 安莲萍．三维地震资料解释断层得到及时验证[J]．甘肃科技纵横，2011，40(3)：58-59.

[84] 卞大龙 .x 地区三维地震资料解释与构造圈闭评价[J]. 科技风，2012，190(4)：205. DOI：10. 19392/j. cnki. 1671-7341. 2012. 04. 163.

[85] 肖明图，王永生，凌越，等 .“分用途”地震处理方法研究及应用——以柴达木盆地柴西南区为例[C]. 成都：中国石油学会石油物探专业委员会，中国地球物理学会勘探地球物理委员会 . 中国石油学会 2021 年物探技术研讨会论文集 .《中国学术期刊(光盘版)》电子杂志社有限公司，2021：4. DOI：10. 26914/c. cnkihy. 2021. 014522.

[86] 刘家橙，刘家橘，王晓燕，等 . 中牟区块太原组-山西组页岩气勘探井位优选[J]. 地质找矿论丛，2019，34(04)：573-579.

[87] 徐振旺 . 地震资料叠前裂缝预测技术在静北潜山的应用[J]. 长江大学学报：自然科学版，2019，16(03)：16-22+5.

[88] 陈骁，何青林，冉崎，等 . 四川盆地二叠系火山岩地震相特征及识别[J]. 天然气工业，2019，39(02)：28-36.

[89] 潘磊，徐祖新，李让彬，等 . 川东南涪陵地区基底断裂特征与油气成藏[J]. 特种油气藏，2020，27(04)：19-25.

[90] 杨士超 . 昭通页岩气示范区地震解释及储层研究[D]. 大庆：东北石油大学，2018.

[91] 渥伊尔马滋 . 地震资料分析——地震资料处理、反演和解释[M]. 北京：石油工业出版社，2006.

[92] 胡伟光，范春华，杨鸿飞，等 . 裂缝预测与勘探[M]. 北京：中国石化出版社，2015.

[93] 胡伟光，申小平，范春华，等 . 砂岩储层综合解释与预测[M]. 北京：中国石化出版社，2015.

[94] 胡伟光 . 油气地震勘探[M]. 北京：中国石化出版社，2017.

[95] 梁顺军，梁霄，陈江力，等 . 山地复杂构造倒转背斜地震剖面反射特征及油气成藏分析[J]. 中国石油勘探，2019，24(03)：377-390.

[96] 赵师权，张军勇，王玉珍，等 . 柴西南老油区多信息融合断层精细识别技术应用[C]. 西安：西安石油大学，成都理工大学，陕西省石油学会 . 2020 油气田勘探与开发国际会议论文集 .[出版者不详]，2020：11.

[97] 贺燕冰，井翠，雷治安，等 . 地震资料解释原理与实践[M]. 北京：中国石化出版社，2023.

[98] 李庆忠 . 寻找油气的物探理论与方法(第 1 分册)基础篇[M]. 青岛：中国海洋大学出版社，2015.

[99] 谢武仁 . 川中地区龙王庙组储层类型划分、主控因素研究及分布预测[D]. 成都：成都理工大学，2019.

[100] 蒲柏宇，张连进，兰雪梅，等 . 川西北地区双鱼石区块栖霞组沉积微相特征[J]. 天然气勘探与开发，2019，42(4)：8-18.

[101] 王宇峰，张本健，贺燕冰，等 . 精细成像技术在川西北双鱼石地区的应用[C]. 成都：中国石油学会石油物探专业委员会(SPG)、国际勘探地球物理学家学会(SEG). SPG/SEG 南京 2020 年国际地球物理会议论文集(英文). 中国石油学会石油物探专业委员会(SPG)、国际勘探地球物理学家学会(SEG)：石油地球物理勘探编辑部，2020：539-542.